EXERCICES

sur les

LEÇONS ÉLÉMENTAIRES

D'ALGÈBRE.

Les Exemplaires exigés par la loi ont été dépo-
sés. Tous ceux qui ne seraient pas, comme ci-
dessous, revêtus des initiales manuscrites G. M.
F. B., seront contrefaits.

G. M. F. B.

EXERCICES

SUR LES

EÇONS ÉLÉMENTAIRES

D'ALGÈBRE

DE M. QUERRET.

PAR G. M. F. B.

BIBLIOTHÈQUE IMPÉRIALE
IMPR.

VANNES.

GUSTAVE DE LAMARZELLE, IMPRIMEUR,

Place des Lices.

1857.

AVERTISSEMENT.

—

On sait combien les *Exercices* sont utiles en mathématiques, tant pour donner l'intelligence complète des principes, que pour les graver dans la mémoire d'une manière durable.

Les *Traités*, il est vrai, en renferment bien un certain nombre; mais, dans les uns, ils sont trop peu nombreux; et dans les autres, ils sont généralement trop difficiles pour les commençants, outre qu'ils ne s'adaptent bien qu'à l'ouvrage particulier pour lequel ils ont été faits. C'est pour obvier à ces divers inconvénients que nous nous déterminons à publier ceux-ci.

Puisse ce modeste travail alléger celui des maîtres, et procurer aux élèves des progrès plus rapides!

EXERCICES

sur les

LEÇONS ÉLÉMENTAIRES

D'ALGÈBRE

DE M. QUERRET.

Ire LEÇON.

1. Qu'est-ce que l'*Algèbre?*
2. Quels sont les *signes algébriques?*
3. Qu'appelle-t-on *formule algébrique?*
4. Qu'appelle-t-on quantité? — Comment considère-t-on les quantités en algèbre? — Comment les représente-t-on?
5. Alphabet grec :

α	alpha,	ν	nu,
$\beta, 6$ ...	bêta,	ξ	xi,
γ	gamma ,	o	omicron ,
δ	delta,	π	pi,
ε	epsilon,	ρ	rho,
ζ	zêta (dzêta) ,	σ	sigma,
η	êta,	τ	tau,
θ	thêta,	υ	upsilon,
ι	iôta,	φ	phi,
$\varkappa$	cappa,	χ	chi,
λ	lambda,	ψ	psi,
μ	mu,	ω	ômega.

6. Qu'appelle-t-on quantités *littérales ?* — quantités *numériques ?*

7. Quel est le signe de l'addition?

8. Que signifie, que vaut $2 + 3$?... $4 + 5 + 6$?... $12 + 16 + 3$?

9. Que signifie $a + b$?... $a + b + c$?... $a + b + c + d$?

10. Que vaut $a + b$, lorsque $a = 8$, $b = 12$?

11. Que vaut $a + b + c$, si $a = 2$, $b = 3$, $c = 5$?

12. Que vaut $a + b + c + d$, si $a = 8$, $b = 7$, $c = 6$, $d = 5$?

13. Que vaut $m + n + p$, si $m = 9$, $n = 3$, $p = 4$?

14. Que vaut $x + y + z$, si $x = 40$, $y = 53$, $z = 27$?

15. Quel est le signe de la soustraction? — Peut-on sous-entendre ce signe?

16. Quel est le signe d'une quantité qui n'est précédée d'aucun signe?

17. Que signifie, que vaut $8 - 3$?... $12 - 7$?... $-8 + 19$?

18. Interpréter et évaluer $7 + 2 - 6$... $20 - 8 - 7$... $-9 + 16 - 4$.

19. Que signifie $a - b$?... $b - c$?... $-a + b$?

20. Que signifie $a + b - c$?... $a - b + c$?... $a - b - c$?

21. Que vaut $a - b$, lorsque $a = 12$, $b = 8$?

22. Que vaut $a + b - c$, si $a = 7$, $b = 8$, $c = 4$?

23. Que vaut $a - b + c$, si $a = 9$, $b = 6$, $c = 3$?

24. Que vaut $-a + b - c$, si $a = 5$, $b = 14$, $c = 8$?

25. Que vaut $m - n + p - s$, si $m = 5$, $n = 4$, $p = 7$, $s = 3$?

26. Que signifie le signe $\pm$?

27. Que vaut $a \pm b$, lorsque $a = 9$, $b = 5$?

28. Que vaut $a + b \pm c$, si $a = 10$, $b = 8$, $c = 6$?

29. Que vaut $a \pm b \pm c$, si $a = 12$, $b = 7$, $c = 2$?

30. Qu'appelle-t-on quantité *positive ?* — quantité *négative ?*

31. Que vaut $a - a$?... $a + b - a - b$?... $m + n - m - n$?

32. Comment indique-t-on les opérations à effectuer sur une quantité composée de plusieurs parties ?

33. Indiquer qu'il faut ajouter à a la quantité $b + c - d$.

34. Indiquer qu'on doit ôter de a la quantité $m - n + p$.

35. Que signifie $a + (b + c)$?... $b + c + (d - e)$?

36. Interpréter $a-(b+c)$... $a-(b-c)$... $m-(n+p-r)$.
37. Que vaut $12+(8+20)$?... $7+3+(4+5)$?
38. Que vaut $21-(4+5)$?... $30-(10+6-8)$?
39. Que vaut $a+(b+c)$, si $a=2$, $b=3$, $c=4$?
40. Que vaut $a+b+(c-d)$, si $a=8$, $b=9$, $c=7$, $d=6$?
41. Evaluer $a-(b+c)$, si $a=10$, $b=4$, $c=3$?
42. Evaluer $a+b-(c+d-e)$, si $a=9$, $b=8$, $c=7$, $d=6$; $e=5$.
43. Evaluer $a-(b-c+d-e)$, si $a=20$, $b=8$, $c=2$, $d=5$, $e=3$.
44. Evaluer $x+y-(m-z)$, si $x=32$, $y=16$, $m=8$, $z=4$.

IIe LEÇON

—

45. Comment indique-t-on la multiplication entre les lettres?
46. Que signifie ab?... abc?... $abcd$?
47. Que vaut chacun des produits ab, abc, $abcd$, lorsque $a=2$, $b=3$, $c=4$, $d=5$?
48. Que vaut abm, bmn, mnp, lorsque $a=1$, $b=2$, $m=3$, $n=4$, $p=5$?
49. Que vaut xy, xyz, lorsque $x=10$, $y=7$, $z=0$?
50. Comment indique-t-on la multiplication, lorsque les facteurs sont des nombres?
51. Indiquer le produit de 4 par 3; celui de 12 par 20.
52. Indiquer qu'après avoir multiplié 8 par 9, on doit multiplier le produit par 6.

53. On veut indiquer la multiplication de a par $b + c$: comment faire?

54. Indiquer le produit de $a + b$ par $c + d$.

55. Indiquer le produit de $a + b - c$ par $m - n + p$.

56. Indiquer le produit de a $(b + c)$ par $m - n$.

57. Indiquer le produit de $a + b$ $(c + d)$ par x.

58. Que vaut $8 . (7 + 5)$? .. $(9 + 4) . (5 - 2)$?

59. Que vaut $5 + 8 . 9$? ... $4 . 3 + 6 . 7 - 5 . 2$?

60. Que vaut a $(b + c)$, si $a = 2$, $b = 3$, $c = 4$?

61. Que vaut $(a + b) . (a + b)$, si $a = 6$, $b = 4$?

62. Que vaut a $(b - c)$ $(d - e)$, si $a = 6$, $b = 5$, $c = 3$, $d = 4$, $e = 2$?

63. Que vaut $ab + (a - b)$ $(a + b) - bc$, lorsque $a = 10$, $b = 6$, $c = 5$?

64. Que vaut $((a + b) + c) d$, si $a = 1$, $b = 2$, $c = 3$, $d = 4$?

65. Que vaut $\{ ((a - b) c + b) - c \}$ $(a + c) - bc$, lorsque $a = 12$, $b = 8$, $c = 4$?

66. Peut-on intervertir l'ordre des facteurs d'un produit sans changer la valeur de ce produit? — Démontrer que $5 \times 6 = 6 \times 5$.

67. Que vaut chacun des produits abc, acb, bac, bca, cab, cba, lorsque $a = 10$, $b = 20$, $c = 30$?

68. Indiquer le produit de ab par cde; celui de mn par xyz; celui de $(m - n)$ $(p + r)$ par $(x + y - z)$.

69. Y a-t-il quelque différence entre $8 . (6.7)$ et $8 . 6 . 7$?

70. Quelle différence y a-t-il entre $12 + (9 - 6)$ et $12 + 9 - 6$?

71. Quelle différence entre $20 - (8 + 4 - 5)$ et $20 - 8 + 4 - 5$?

72. Les quantités $(a + (b - c)) d$ et $a + (b - c) d$ sont-elles égales? — Que vaut chacune d'elles, lorsque $a = 8$, $b = 7$, $c = 4$, $d = 3$?

73. Les quantités $(a + b) . (a - b)$ et $a + b . a - b$ sont-elles égales? — Trouver la valeur de l'une et de l'autre, si $a = 5$, $b = 2$.

74. Comment multiplier par un produit?

75. Comment multiplier un produit?

76. Quel est le produit de a par bc?... celui de ab par cd?.. celui de m par np ?

77. Quel est le produit de ab par c?... celui de bcd par e?.. celui de xy par z ?

78. Quel est le produit de 8 par 12, ou de 8 par 3 . 4 ?

79. Quel est le produit de 24 par 5, ou de 2 . 3 . 4 par 5 ?

80. Indiquer diversement le produit de abc par mnp.

81. Indiquer de même le produit de rst par xyz.

IIIe LEÇON.

—

82. Qu'appelle-t-on *coefficient?* — Quel est le coefficient, quand il n'y en a pas d'écrit?

83. Quel est le coefficient dans $4\,ab$?... dans $5\,mn$?

84. Quel est le coefficient dans $-6\,x$?... dans xy ?... dans $-ax$?

85. Que vaut un produit dont un facteur est *zéro* ?

86. Que vaut $5\,ab$, lorsque $a = 10$, $b = 0$?

87. Que vaut $8\,mnp$, si $m = 10$, $n = 40$, $p = 30$?

88. Evaluer $6\,axy$, si $a = 4$, $x = 25$, $y = 2$.

89. Evaluer $2\,ab + 4\,ac - 2\,ad$, si $a = 4$, $b = 5$, $c = 0$, $d = 2$.

90. Evaluer $4\,ax - 3\,ay + 8\,z + 7\,xyz$, si $a = 10$, $x = 5$, $y = 2$, $z = 3$.

91. Qu'appelle-t-on *puissance* d'une quantité ?

92. Qu'appelle-t-on *degré* de la puissance ?

93. Quelle puissance de a est aa? — quelle puissance de b est bbb? — quelle puissance de c est $cccc$?

94. Quelle puissance de $a + b$ est $(a+b)\,(a+b)$?

95. Quelle puissance de $a + x$ est $(a+x)(a+x)(a+x)$?

96. Comment indique-t-on ordinairement les puissances?

97. Indiquer la 2de puissance de a,... la 3^e de b,... la 4^e de c?

98. Indiquer la 3^e puissance de $a + b$, la 5^e de $b + c - d$.

99. Indiquer la 4^e puissance de $m - n$,... la 6^e de $4a - 3b$,... la 3e de $7abc$.

100. Quel est l'exposant dans a^2?... dans b^4?... dans c^3? (*)

101. Quel est l'exposant dans $(4ab)^2$?... dans $(a + b - c)^4$? dans $(x + y - z)^3$?

102. Quel est l'exposant dans a?... dans b?... dans $(a + b - c)$? dans $(4ax)$?

103. Quel est l'expos^t d'une quantité qui n'en a point d'écrit?

104. Que marque l'exposant d'une lettre?

105. Que vaut a^3, lorsque $a = 10$?

106. Que vaut $4a^2b^3$, lorsque $a = 2$, $b = 3$?

107. Que vaut $(a + b)^3$, lorsque $a = 4$, $b = 6$?

108. Que vaut $a^3 + 3a^2b + 3ab^2 + b^3$, si $a = 6$, $b = 4$?

109. Que vaut $a^4 - 4a^3b + 6a^2b^2 - 4ab^3 + b^4$, si $a = 5$, $b = 4$?

110. Quel nom particulier porte la seconde puissance d'une quantité? — la troisième puissance?

111. Qu'est-ce que le *carré*, le *cube* d'un nombre?

112. Quels sont les carrés des dix premiers nombres entiers? — quels sont les cubes des mêmes nombres?

113. Evaluer 1^4, 2^4, 3^4, 4^4, 5^4, 6^4, 7^4, 8^4, 9^4, 10^4.

114. Evaluer 1^5, 2^5, 3^5, 4^5, 5^5, 6^5, 7^5, 8^5, 9^5, 10^5.

115. Qu'est-ce que la racine carrée d'une quantité? — Comment l'indique-t-on ordinairement?

116. Evaluer $\sqrt{1}$, $\sqrt{4}$, $\sqrt{9}$, $\sqrt{49}$, $\sqrt{81}$, $\sqrt{100}$.

117. Evaluer $\sqrt{a^2}$, $\sqrt{b^2}$, $\sqrt{c^2}$, $\sqrt{(a + b)^2}$ (**)

118. Evaluer $\sqrt{(2ab)^2}$, $\sqrt{(3a^3b^3)^2}$.

(*) La quantité a^2 s'énonce : *a puissance* 2, ou *a exposant* 2, ou simplement *a deux*; mais a^n s'énonce : *a puissance n*, ou *a exposant n*, et non autrement.

(**) Les quantités $\sqrt{4}$, $\sqrt[3]{a}$, $\sqrt[4]{b}$, s'énoncent respectivement : *Racine carrée de* 4, *racine cubique de a, racine* 4e *de b*.

119. Qu'est-ce que la racine cubique d'une quantité? — Comment l'indique-t-on?

120. Evaluer $\sqrt[3]{1}$, $\sqrt[3]{8}$, $\sqrt[3]{125}$, $\sqrt[3]{64}$, $\sqrt[3]{512}$, $\sqrt[3]{729}$, $\sqrt[3]{1000}$.

121. Evaluer $\sqrt[3]{a^3}$, $\sqrt[3]{b^3}$, $\sqrt[3]{c^3}$, $\sqrt[3]{(a+b)^3}$.

122. Evaluer $\sqrt{(abc^2)^3}$, $\sqrt[3]{(a+2b-3c)^3}$.

123. Qu'est-ce que la racine d'un degré quelconque d'une quantité? — comment l'indique-t-on?

124. Donner la définition de la racine 4e, — de la racine 5e, — de la racine 6e, — de la racine 7e d'une quantité quelconque.

125. Evaluer $\sqrt[4]{a^4}$, $\sqrt[5]{(ab)^5}$, $\sqrt[6]{(a+b)^6}$.

126. Evaluer $\sqrt[7]{m^7}$, $\sqrt[10]{(a+2b)^{10}}$, $\sqrt[20]{(5a-b)^{20}}$.

127. Evaluer $\sqrt[m]{a^m}$, $\sqrt[n]{(x+y)^n}$, $\sqrt[x]{(ab+yz)^x}$.

IVe LEÇON.

—

128. Comment indique-t-on la division?

129. Indiquer la division de a par b,.. de b par a,... de bc par d.

130. Indiquer la division de $a+b$ par c,... de $a-b+c$ par $b+c$,... de $a^2+2ab+b^2$ par $a+b$.

131. Que vaut $\dfrac{a}{b}$, lorsque $a=8$, $b=2$?

132. Si $a=7$, $b=3$, que vaut $\dfrac{a^2+2ab+b^2}{a+b}$?...

que vaut $\dfrac{a^3+3a^2b+3ab^2+b^3}{a^2+2ab+b^2}$?

133. Si $x = 6$, $y = 4$, que vaut :

$$\frac{x^4 + 4x^3y + 6x^2y^2 + 4xy^3 + y^4}{x^2 + 2xy + y^2} ?...$$

que vaut $\dfrac{x^3 - y^3}{x - y}$?

134. Si $a = 3$, que vaut $\dfrac{a^6 + a^5 + a^4 + a^3 + a^2 + a + 1}{a + 1}$?

que vaut $\dfrac{a^7 - 1}{a - 1}$?

135. Si $b = 8$, $c = 3$, que vaut $\dfrac{b^4 - c^4}{b^3 + b^2c + bc^2 + c^3}$?

que vaut $\dfrac{12b^3 + 5c^3 - 2bc}{b^2 + 2bc - c^2}$?

136. Qu'appelle-t-on *termes* ?

137. Combien y a-t-il de termes dans $4ab^2$?... dans $a^2 + 2ab + b^2$?... dans $4ax + z$?... dans $5x + 2y - 3z$?

138. Combien y a-t-il de termes dans $a + 2b - 3c + \frac{1}{2}d + \frac{2}{3}f$?... dans $a^5b - ab^5$?... dans $24a^2b^3c$?

139. Qu'appelle-t-on *monome ?* — *binome ?* — *trinome ? quadrinome ?* — quantité complexe ou *polynome ?* — Exemples.

140. Nommer les quantités : $4abcd$... $a + 2b + 3c - 4d$... $3a^2b + 2ab^2$... $x + y - 3z$.

141. Nommer les quantités : $b^3 + b^2c + bc^2 + \frac{3}{4}c^3$...

$$a^3 + a^2 + a + 1... \quad 7ax - \frac{a}{b} + \frac{c}{d}.$$

142. Qu'est-ce que le *degré* d'un terme ?

143. De quel degré sont les termes de $8a + 2ab - 3abc$;... de $5a^2b - 6a^3b^2 + 5ab$.

144. De quel degré sont les termes de $3ab + 2cd - a^4$;... de $8x - 7y^2 + 9x^2y^2 - z^3$.

145. Qu'est-ce qu'un polynome *homogène ?*

146. Nommer les polynomes suivants ; dire s'ils sont homogènes, et, dans ce cas, quel en est le degré :

1°... $a + b$... $a^2 + 3b$... $a^3 + a^2b + abc$... $3a^2bc - 4abc^2$;

2°... $a^4 + a^2b^2 - a^3b + b^4 + ab^3$... $a^2 + 2ab + b^2 + 2ac + 2bc + c^2$;

3°... $a^8 + 8a^7b + 28a^6b^2 + 56a^5b^3 + 70a^4b^4 + 56a^3b^5 + 28a^2b^6 + 8ab^7 + b^8$.

147. Quand est-ce qu'un polynome est *ordonné* par rapport à une lettre ? — Qu'appelle-t-on *lettre principale ?*

148. Ordonner $ax^3 + a^2x^2 + a^4 + a^3x + x^4$ par rapport aux puissances descendantes de x.

149. Ordonner $7a^2b - 3ac + 4a^3d - c^2$, par rapport aux puissances descendantes de a.

150. Ordonner $3ax^4 - 2ax + 2bx^2 - a^2x^3 + b^2$ par rapport aux puissances ascendantes de x.

151. Ordonner $216a^2b^2 - 96a^3b + 81b^4 - 216ab^3 + 16a^4$ par rapport aux puissances descendantes de a.

152. Ordonner $a^2b^3 + a^3b^2 + 3ab + a^2b^2c - a^3c^2 - 3ac + 3b^2$ par rapport aux puiss^{es} descend. de a.

153. Ordonner $b^4x^2 - a^3x^5 + bcx^2 - dx^3 + acx - adx^2 - ax^3 + bx + a^2fg - cdx^4 - dex^5$, par rapport 1° aux puissances descendantes de x; 2° aux puissances ascendantes de x.

154. Ordonner $a^4x^4 - a^3bx^4 + a^2b^2x^4 - ab^3x^4 + a^5x^3 - a^4bx^3 + a^3b^2x^3 - a^5bx^2 + a^2b^3x^3 - 2a^4b^2x + a^4b^3x - ab^5x + 2a^3b^4x - a^2b^6$, par rapport 1° aux puissances descendantes de a; 2° aux puissances descendantes de b; 3° aux puissances descendantes de x.

155. Quel est le signe de l'*égalité?* — celui de l'*inégalité?* — Comment les énonce-t-on ?

156. Indiquer que la somme de 4 et de 6 est 10;... que la différence entre 12 et 4 est 8;... que le produit de 8 par 5 est 40;... que le quotient de 56 par 8 est 7.

157. Indiquer que la troisième puissance de 6 est 216;...
que la racine carrée de 100 est 10.

158. Indiquer que la racine carrée de 60 est plus petite que 8,
et plus grande que 7.

159. Indiquer que la racine cubique de 100 est plus grande
que 4, et plus petite que 5.

160. Qu'est-ce qu'un nombre *commensurable* ou *rationnel?*

161. Qu'est-ce qu'un nombre *incommensurable* ou *irrationnel?* — Donnez-en des exemples.

162. Démontrer qu'on peut toujours trouver un nombre
commensurable qui approche autant qu'on le voudra
d'un nombre irrationnel indiqué.

Ve LEÇON.

RÉDUCTION.

163. Qu'appelle-t-on *quantités semblables?*... — En quoi
peuvent différer les quantités semblables?

164. Dire, parmi les quantités suivantes, quelles sont celles
qui sont semblables :

$$3\,a^2bc,\ 5\,a^2bc,\ -7\,a^2bc,\ 4\,a^3bc^2,\ -5\,a^3bc^2,\ 8\,a^3bc^2.$$

165. Parmi les quantités suivantes, désigner celles qui sont
semblables :

$$4\,a^3b^2,\ 2\,a^5b^6c,\ 5\,a^3b^2c,\ -4\,a^5b^6c,\ 7\,a^3b^2c,\ 8\,a^3b^2.$$

166. Qu'est-ce que la *réduction?*

167. Comment fait-on la réduction, lorsque les quantités
semblables ont toutes le signe $+$?

Faire la Réduction.

168. Dans $5\,abc + 3\,abc + 4\,abc + 7\,abc + abc + 6\,abc$.

169. Dans $2\,a^2b^3 + 3\,a^2b^3 + 5\,a^2b^3 + a^2b^3 + 10\,a^2b^3 + a^2b^3$.

170. Dans $8\,a^2b^2c^4 + 9\,a^2b^2c^4 + 5\,a^2b^2c^4 + 44\,a^2b^2c^4$.

171. Dans $a^m b^n c^p + 5\,a^m b^n c^p + 7\,a^m b^n c^p + 4\,a^m b^n c^p$.

172. Dans $mn^2 + \frac{3}{4}\,mn^2 + \frac{1}{2}\,mn^2 + \frac{2}{3}\,mn^2 + \frac{7}{8}\,mn^2$.

173. Dans $\frac{4}{5}\,x^2y + \frac{5}{7}\,x^2y + x^2y + \frac{3}{10}\,x^2y + \frac{11}{14}\,x^2y$.

174. Comment faire la réduction, lorsque les quantités semblables ont toutes le signe $-$?

Faire la Réduction.

175. Dans $- x - 4x - 3x - 6x - 8x - 9x$.

176. Dans $-4\,a^3b - 2\,a^3b - a^3b - 6\,a^3b - 12\,a^3b - a^3b$.

177. Dans $-4\,x^2y - 3\,x^2y - 5\,x^2y - 7\,x^2y - x^2y$.

178. Dans $-7\,x^2y^3z^4 - 9\,x^2y^3z^4 - x^2y^3z^4 - 8\,x^2y^3z^4$.

179. Dans $-\frac{4}{5}\,ab^2x - \frac{1}{3}\,ab^2x - ab^2x - \frac{5}{6}\,ab^2x - 2\,ab^2x$.

180. Dans $-5\,a^3b^3c - \frac{1}{3}\,a^3b^3c - a^3b^3c - 2\,a^3b^3c - \frac{1}{6}\,a^3b^3c$.

Etant donnés deux termes semblables, décomposer le plus grand en deux dont l'un soit égal au plus petit, abstraction faite du signe.

181. Dans $8\,a^2b^2 - 3\,a^2b^2$.

182. Dans $- 7\,a^4b + 5\,a^4b$.

183. Dans $3\,ab^2x^3 - 9\,ab^2x^3$.

184. Dans $\frac{4}{5}\,ab^3x - \frac{6}{7}\,ab^3x$.

185. En général, comment fait-on la réduction des quantités semblables ?

Faire la Réduction.

186. Dans $7\,a^5b^3c - a^5b^3c - 3\,a^5b^3c + 5\,a^5b^3c - 6\,a^5b^3c$.

187. Dans $9\,ab^2x - ab^2x - 4\,ab^2x + 2\,ab^2x - 5\,ab^2x$.

188. Dans $ax^2y - 4\,ax^2y + 3\,ax^2y + 2\,ax^2y - 7\,ax^2y$.

189. Dans $mnz^4 + 3\,mnz^4 - 4\,mnz^4 - 9\,mnz^4 + 5\,mnz^4$.

190. Dans $8\,abc^2 - 5\,abc^2 - \frac{2}{9}\,abc^2 - \frac{2}{3}\,abc^2 + \frac{5}{12}\,abc^2$.

191. Dans $4\,a^5b^7c^4 + 3\,a^5b^7c^4 + 10\,a^5b^7c^4 - \frac{7}{8}\,a^5b^7c^4 + 5\,a^5b^7c^4$.

192. Dans $3\,a^6b^2c + 4\,a^6b^2c - 7\,a^6b^2c - 4\,a^6b^2c + 7\,a^6b^2c$.

193. Dans $11\,a^5b^6 - 7\,a^5b^6 - 11\,a^5b^6 + 3\,a^5b^6 + \frac{7}{8}\,a^5b^6 - \frac{3}{4}\,a^5b^6 + \frac{1}{2}\,a^5b^6 - a^5b^6 + \frac{2}{3}\,a^5b^6 + \frac{1}{4}\,a^5b^6$.

VIe LEÇON.

ADDITION ET SOUSTRACTION ALGÉBRIQUES.

—

Addition algébrique.

194. Qu'est-ce que l'*addition* ?

195. Quel est le but de l'addition algébrique ? — Comment la fait-on ?

196. A $30 - 6$ ajouter 4.

197. A 24 ajouter $12 - 4$.

198. A $20 - 7$ ajouter $30 - 6$.

199. A $32 - 10$ ajouter $16 - 3$.

200. A $4a + 3b - 4c$ ajouter $2a - 4b + 9c$.

201. A $45a^3x + 8a^2x^4 + 12b^2x + 15ax$ ajouter $- 18a^3x + 5a^2x^3 - 13b^2x^4 - 12ax$.

202. Ajouter ensemble $3a^4 - 5ab^2 + 6c^3 \ldots \; 8ab^2 - 5a^4 - 2c^3 \ldots \; -4bc^2 + 9ab^2 + 3c^3 - a^4$.

203. Ajouter ensemble $3a^5b + 6a^4b^3 + 4a^2b^2 \ldots \; -4a^4b^3 + 2a^2b^2 - 4a^5b \ldots \; -3a^5b + d^4 - a^4b^3$.

204. Effectuer l'addition dans $(-6a^2b^2 - 4ab^2 + 5c^2) + (-2ab^2 - 4c^2 + 6a^2b^2) + (3ab^2 - 4ab - 9c^2) + (-7ab^2 - 8c^2 + 9a^2b^2) + (6a^2b^2 + 7ab^2 - 4c^2) + (5ab^2 - 3a^2b^2 + c^2)$.

205. Effectuer l'addition dans $(-7a^3b - 4abc^2 + 2abc) + (5abc^2 - 3a^3b + abc) + (-8abc + 6a^3b + 9abc^2) + (9abc - abc^2 + 5a^3b)$.

206. Que vaut $A + B + C$, lorsque

$$A = 3\,a^2b^2 + 7\,a^3b - ab^3 + a^4 + 2\,b^4,$$
$$B = 5\,a^4 + 9\,a^2b^2 + a^3b - 6\,ab^3 - 9\,b^4,$$
$$C = 6\,a^3b + 5\,a^2b^2 + 4\,ab^3 - 4\,a^4 + 8\,b^4.\,?$$

207. Que vaut $M + N + P$, lorsque

$$M = abcd + a^2b^2c + a^3bc^2 + a^3b^2cd,$$
$$N = 4\,a^2b^2c - 4\,abcd + 8\,a^3b^2cd + 9\,a^3bc^2,$$
$$P = 7\,a^3b^2cd + 9\,a^3b^2cd - a^2b^2c - 10\,abcd?$$

208. Que vaut $A + B + C + D + E$, lorsque

$$A = 3\,a^4b + 7\,a^2b^3 - 4\,a^5b + 7\,c^2 - 4\,d^3,$$
$$B = 3\,a^2b^3 - 5\,a^5b + 5\,a^4b - 3\,d^3 + 12\,c^2,$$
$$C = 2\,a^2b^3 - 7\,a^4 + 3\,a^4b + 8\,d^3 + 7\,a^5b,$$
$$D = -\,4\,c^2 + 7\,d^3 - 6\,a^2b^3,$$
$$E = 2\,a^2b^3 + 4\,a^4b + 2\,c^2 - 6\,a^5b + 7\,d^3?$$

209. Si l'on a $X = \alpha + 6 + \gamma + \delta + \varepsilon$, et que

$$\alpha = 7\,a^5b^2c - 8\,a^2b^2 + 4\,a^3b^3 - 6\,bc^2d + 7\,abc^3 - 2\,ab^2,$$
$$6 = -\,3\,a^2b^2 - 6\,a^3b^3 + 4\,a^5b^2c + 6\,abc^3,$$
$$\gamma = 7\,a^2b^2 - 8\,a^3b^3 + 4\,bc^2d - 5\,ab^2 + a^5b^2c,$$
$$\delta = 6\,a^3b^3 + 8\,bc^2d - 3\,a^2b^2 - 4\,a^5b^2c + abc^3,$$
$$\varepsilon = 9\,a^4bc^2 + 3\,bc^2d - 4\,ab^2 + 4\,a^5b^2c - 6\,a^2b^2$$
$$+\,8\,bc^2d + 5\,a^3b^3 + 2\,abc^3 - d^4, \text{ que vaut } X?$$

210. Une personne a dépensé a francs d'une part, et b d'une autre : combien a-t-elle dépensé en tout ?

211. Le drap pour faire un habit a coûté x francs, la doublure coûte b francs et la façon c francs : à combien revient cet habit ?

212. Une marchandise coûte a francs : combien faut-il la revendre pour gagner x francs ?

213. En revendant une marchandise x francs, on a perdu y francs : combien coûtait-elle ?

214. Il y a dix ans, l'âge d'une personne était a : trouver son âge actuel.

215. Il y a huit ans, l'âge de mon frère était b : trouver l'âge qu'il aura dans c années.

216. Une somme s a été partagée entre trois personnes : la première a reçu a de plus que la seconde, et celle-ci b de plus que la troisième. Trouver la part de chaque personne et la valeur de la somme partagée s, la part de la troisième personne étant x.

217. J'ai acquitté trois dettes : la première est de x francs; la seconde surpasse la première de y francs, et la troisième surpasse la seconde de z francs. Trouver le montant de chaque dette et le total d de la somme que j'ai déboursée.

218. Pour acquitter une dette d, quelqu'un a donnné a fr. en or, b francs en argent, c fr. en billets, et il doit encore x fr. : trouver la valeur de la dette.

219. Un propriétaire possède quatre métairies. La première lui a donné une récolte de m hectolitres de froment; la seconde lui en a donné autant que la première, et n de plus ; la troisième, autant que la première et la seconde ; la quatrième, autant que la seconde et la troisième, et p de plus. Trouver le produit de chaque métairie et le revenu du propriétaire.

220. Un nombre est composé de trois chiffres. Celui des dizaines surpasse de x celui des unités ; celui des centaines surpasse de y la somme des deux autres. Trouver la somme des valeurs absolues des trois chiffres, celui des unités étant z.

Soustraction algébrique.

221. Qu'est-ce que la *soustraction ?*

222. Qu'est-ce que retrancher 8 de 12 ?

223. De 20 ôter 6 ; de 24 ôter 19.

224. De 12 — 4 ôter 5.

225. De 20 ôter 5 ; de 20 ôter 5 + 2.

226. De 30 ôter 10 ; de 30 ôter 10 — 4.

227. De $40 + 7 - 3$ ôter $15 + 8$; ôter $15 + 8 - 12$.

228. Qu'est-ce que retrancher n de m?... y de x?

229. Qu'est-ce que retrancher $-n$ de m?... $-y$ de x?

230. De a ôter b; ôter $b + c$; ôter $b - c$.

231. De $a - b$ ôter $c + d$; ôter $c + d - e$.

232. En général, comment faire la soustraction algébrique?

233. De $a + b + c$ ôter $b - c + d$.

234. De $a - b - c + d$ ôter $-m - n + p - r$.

235. De $7 a^2 + 8 a^3 - 2 ab$ ôter $-4 a^3 + 5 a^2 - 4 ab$.

236. De $-3 a^4 + 5 a^2 b^2 - 4 a^3 + 2 abc$ ôter $-2 a^2 b^2 - 3 a^4 + 5 a^3 + 4 b^2$.

237. De $9 m^2 + 6 mn + n^2$ ôter $9 m^2 - 6 mn + n^2$.

238. De $a^3 + a^2 b + ab^2 + b^3$ ôter $a^3 + 3 a^2 b + 3 ab^2 - 4 b^3$.

239. De $17 a^4 b^3 - 5 a^2 b^2 + 3 ab^4 - 7 c^3$ ôter $4 a^2 b^2 - 3 a^4 b^3 - 2 ab^4$.

240. De $-8 a^3 b + 5 a^2 b^2 + 4 c^2$ ôter $-3 a^3 b + 6 c^2 - 7 a^2 b^2$.

241. De $3 a^4 b^2 c - 3 a^2 bc^2 + 2 ab^2 - 8$ ôter $17 - 4 a^2 b^2 c + 3 ab^2 - 5 a^2 bc^2$.

242. De $-8 a^3 b + 7 a^2 b^2 + 6 abc + 7 a^2$ ôter $-2 a^3 b - 4 a^2 b^2 - 3$.

243. De $5 a^3 b^2 + 2 ac^2 - 4 abc$ ôter $2 ab - 2 ac^2 + 5 a^3 b^2$.

244. De $6 a^2 b^2 + 7 ac^4 - 2 abc$ ôter $4 ac + 6 a^2 b^2 + 8 ac^4 - 9 abc + d^3$.

245. Si $A = m^3 + 3 am^2 + 3 a^2 m + a^3$,
$\quad B = m^3 - 3 am^2 + 3 a^2 m + 2 a^3$,
$\quad C = 3 m^3 - 2 a^2 m + 3 am^2 - a^3$:

que vaut : 1° $A + B - C$; 2° $A - B + C$?

246. Si $D = 7 a^5 b^2 c - 8 a^2 b^2 + 4 a^3 b^3 - 6 bc^2 d + 7 abc^3 - 2 ab^2$,
$\quad E = -3 a^2 b^2 + 5 a^3 b^3 - 4 bc^2 d + 3 abc^3 + 3 a^5 b^2 c$,
$\quad F = -4 ab^2 - 3 a^5 b^2 c + 7 a^2 b^2 - abc^3 + a^3 b^3 - bc^2 d$,
$\quad G = 6 a^3 b^3 + 8 a^5 b^2 c - 9 a^2 b^2 - 3 bc^2 d + 3 ab^2$:

Trouver la valeur : 1° de $D + E + F - G$; 2° de $D + E - (F + G)$; 3° de $D + F - (E + G)$; 4° de $D - (E + F - G)$; 5° de $D + (E - F + G)$; 6° de $D - (E + F + G)$.

247. Quelqu'un qui devait a a payé b : combien doit-il encore ?

248. J'avais x francs dans ma bourse; j'en ai dépensé y et perdu z : combien ai-je maintenant ?

249. En revendant une marchandise a francs, on a gagné x francs : combien coûtait-elle ?

250. Si l'on partage la somme s en deux parties dont l'une soit a, quelle sera l'autre partie ?

251. Dans une famille d'ouvriers, le père gagne a par jour, la mère b, chacun des trois enfants c : si la dépense de chaque jour s'élève à la somme d, quelle est l'économie journalière ?

252. Une quantité est divisée en trois parties : la seconde contient m de moins que la première, et la troisième n de moins que la seconde. Trouver la quantité partagée x et la valeur de chacune des parties, la première étant a.

253. Le complément d'un angle est le reste qu'on trouve, lorsqu'on ôte cet angle de 90 degrés. Quel est le complément d'un angle de a degrés ? — d'un angle de x degrés ?

254. Le supplément d'un angle est le reste qu'on trouve, lorsqu'on ôte cet angle de 180 degrés. Quel est le supplément d'un angle de m degrés ? — d'un angle de n degrés ?

255. Dans tout triangle rectiligne, la somme des angles est 180 degrés : si le premier angle d'un triangle rectiligne $= a$ degrés, et le second b, que vaut le troisième ?

256. Dans un mélange composé de vins à 30 centimes, à 35 centimes, à 40 centimes et à 43 centimes le litre, il y en a a à 30^c, b à 35^c et 10 de plus à 40^c qu'à 35^c : combien y en a-t-il à 43 centimes, sachant que le mélange en contient 240 ?

257. Un épicier reçoit trois caisses de café, pesant chacune 142 kilog., poids brut : le bois de la première caisse pèse a kilog.; celui de la seconde, b kilog. de moins

que la première ; et celui de la troisième, c kilog. de moins que la seconde. Combien a-t-il de café, poids net ?

258. L'Europe a a habitants de moins que l'Asie ; l'Afrique en a b de moins que l'Europe ; l'Amérique c de moins que l'Afrique, et l'Océanie d de moins que l'Amérique. Trouver la population totale du globe et celle de chacune des cinq parties du monde en particulier, celle de l'Asie étant de x habitants.

259. Trois voyageurs, A, B, C, font route ensemble. A dit à B : Donne-moi a de tes francs, puisque ta bourse est le double de la mienne, et moi j'en donnerai b à C qui en a c de moins que moi. Après avoir exécuté ces propositions, on demande ce que possède chacun des trois voyageurs, la bourse de A contenant d'abord x francs.

260. Ecrire sous la forme d'un reste le polynome $7\,a^2 + 8\,a^3 - 4\,a^2b + 7\,a^2c^2$, en prenant pour quantité dont on retranche : 1° $7\,a^2 + 8\,a^3$; 2° $7\,a^2 - 4\,a^2b$; 3° $8\,a^3 + 7\,a^2c^2$, 4° $-4\,a^2b$.

261. Ecrire sous la forme d'un reste le polynome $5\,a^2 - 6\,a^3 + 7\,bc^2 - 11\,a^2b^2 + 4\,c^3$, en prenant pour quantité dont on retranche : 1° $5\,a^2 - 6\,a^3$; 2° $-11\,a^2b^2 + 4\,c^3 - 6\,a^3$; 3° $5\,a^2$; 4° $7\,bc^2$.

VIIe LEÇON.

MULTIPLICATION DES MONOMES.

262. Qu'est-ce que la *multiplication ?* — Qu'appelle-t-on *multiplicande ?* — *multiplicateur ?* — *produit ?*

263. Qu'est-ce que multiplier une quantité par 2, par 3, par 4, par 5,... et, en général, par un nombre entier n?

264. Qu'est-ce que multiplier par $2\frac{1}{2}$?... par $4\frac{2}{3}$?... par $3\frac{1}{7}$?

265. Qu'est-ce que multiplier · par 3,2?... par 7,25?... par 28,234?

266. Qu'est-ce que multiplier par $\frac{1}{2}$?... par $\frac{3}{4}$?... par $\frac{5}{7}$?

267. Qu'est-ce que multiplier par 0,3?... par 0,34?... par 0,924?

268. Que donne $+a \times 3$?... $+b \times 2$?.., $+c \times 4$?

269. Que donne $-a \times 2$?... $-b \times 4$?... $-c \times 3$?

270. Qu'est-ce, dans le langage algébrique, que multiplier une quantité par -2, -3, -4, -5,... et, en général, par un nombre entier négatif $-n$?

271. Combien de choses renferme un monome?

272. Quelle est la règle des signes?

273. Que donne $+ \times +$?... $- \times -$?..., $+ \times -$?... $- \times +$?

274. Que donne $+a \times +b$?... $-a \times -b$?... $+a \times -b$?.. $-a \times +b$?... Démontrer la règle des signes sur ces exemples.

275. Quelle est la règle des coefficients?

276. Démontrer la règle des coefficients sur $2m \times 3n$.

277. Quel est le produit de $5a$ par $4b$? — de $7b$ par $8c$?

278. Quelle est la règle des lettres?

279. Quel est le produit de $2mn$ par $3xy$?... de $4ab$ par $5cd$?

280. Quelle est la règle des exposants?

281. Quel est le produit de $2m^2n^3$ par $5m^3n^4$?—Pourquoi?

282. Comment faire la multiplication des monomes?

283. Qu'arrive-t-il s'il y a dans le produit un nombre *pair* de facteurs négatifs? — s'il y en a un nombre *impair*?

284. Que donne une quantité négative élevée à une puissance de degré pair? — élevée à une puissance de degré impair?

285. Evaluer $-2a \times -3b... -4a \times -3b \times -2c$.

286. Evaluer $5a \times 3b \times 8c \times -d... 7x \times -2y \times -5z$.

287. Evaluer $3ab \times -cd \times 5mn... 8xy \times 6ab \times -c$.

288. Evaluer $-6a^2 \times 7a^4... -3a^2bc \times -4ab^2c^3$.

289. Evaluer $-5a^3b^2c \times 4ab^3c^2d... -16a^5b^4c \times 2a^4b^3c^2$.

290. Evaluer $-7ab^2c \times -3a^2b^4cd \times -3ab^2c^3d$.

291. Evaluer $4a^2bc^3 \times -6ab^4cd^2 \times 7ad^4 \times -3ab^2d$.

292. Evaluer $24a^3b \times -4a^2b^2 \times 6ab^3 \times 7a^3b$.

293. Evaluer $8a^6b^2 \times -5a^3bc \times -4a^4b^2 \times -3ab^2$.

294. Evaluer $3ab^2 \times -6abc \times 7bcd \times -3cde$.

295. Evaluer $4a^2b \times -3ab^2 \times -6abcd \times 3a^2b$.

296. Evaluer $3a^2b^3 \times -4a^2b^2c \times -5a^2bcd$.

297. Evaluer $-5ab^4 \times -7a^2b^2 \times 4a^3b \times -a^2b^3$.

298. Evaluer $-3ab^2 \times -4ab^3 \times \frac{1}{4}a^2b^2 \times \frac{1}{3}a^3b^3$.

299. Evaluer $6ax \times 5ay \times -4az \times \frac{4}{5}a^2x^2 \times -\frac{5}{6}z$.

300. Evaluer $abc \times 2abc \times \frac{3}{4}ab^2c^3 \times -\frac{3}{8}a^3bc \times 16a^2b^2c$.

301. Evaluer $-4abc \times -2cde \times \frac{7}{8}d^2ef \times -\frac{3}{5}fgh^3$.

302. Evaluer $a^6b^3c \times -2abc^4 \times \frac{2}{3}a^3b^2c^2 \times \frac{3}{4}ab^2c^3d^4$.

303. Evaluer $-3bc \times -4ab^2 \times -5a^2b \times \frac{5}{6}b^2c^2 \times -\frac{5}{7}mn$.

304. Evaluer $a^2bc^2d \times -\frac{4}{5}abcd \times -\frac{5}{6}ab^2c^3d^4 \times -12abc$.

305. Quel est le signe du produit si *un* seul facteur est négatif? — s'il y a *deux* facteurs négatifs? — s'il y en a *trois*? — s'il y en a *quatre*? — s'il y en a *cinq*?...

306. Quel est le signe du résultat, si une quantité négative est élevée à la 2e puissance? — si on l'élève à la 3e puissance? — à la 4e? — à la 1re? — à la 5e? — à la 6e?...

307. Evaluer $-a \times -a \ldots -b \times -b \times -b \ldots -c \times -c \times -c \times -c$.

308. Evaluer $-m \times -m \times -m \ldots -n \times -n \ldots -p \times -p \times -p$.

309. Evaluer $-ab \times -ab \ldots -bc \times -bc \times -bc \times -bc \times -bc$.

310. Evaluer $-2xyz \times -2xyz \times -2xyz \times -2xyz \times -2xyz$.

VIIIe LEÇON.

PUISSANCES DES MONOMES.

311. Comment élever un produit à une puissance quelconque?

312. Démontrer l'exactitude de ce procédé sur $(xyz)^4$.

313. Evaluer $(ab)^3 \ldots (abc)^2 \ldots (abcd)^4 \ldots (mn)^3$.

314. Evaluer $(2xy)^2 \ldots (3abc)^3 \ldots (4ax)^4 \ldots (5abcd)^2$.

315. Evaluer $(6abd)^m \ldots (7bcd)^n \ldots (8cd)^p \ldots (2xyz)^m$.

316. Comment élever à une puissance quelconque une lettre affectée d'un exposant? — Démontrer que $(a^2)^3 = a^6$.

317. Evaluer $(a^3)^2 \ldots (b^2)^3 \ldots (c^3)^4 \ldots (d^4)^2 \ldots (m^3)^3$.

318. Evaluer $(2a^2)^3 \ldots (3b^2)^2 \ldots (4c^3)^3 \ldots (5d^2)^4$.

319. Evaluer $(10a^3)^2 \ldots (4a^3)^3 \ldots (5x^4)^2 \ldots (7z^5)^2$.

320. Comment élever une quantité monome à une puissance quelconque? — Quel est dans tous les cas le signe du résultat, si l'indice est pair? — mais si l'indice est impair?

321. Evaluer $(2\,ab^2)^2$... $(-3\,a^2bc^2)^2$... $(-2\,a^2b^3cd^2)^3$.
322. Evaluer $(3\,ab^2m^3)^4$... $(-4\,mn^2x^4)^3$... $(2\,mny^2z^3)^5$.
323. Evaluer $(5\,a^2b^3c^4d)^3$... $(-2\,a^2bc^3d)^4$... $(-5\,mx^2yz^2)^3$.
324. Evaluer $(-3\,a^2bc)^2$... $(-5\,ab^3c)^3$... $(-4\,a^2b^2c^2d^2)^4$.
325. Evaluer $(3\,a^2bcd^2)^3$... $(-5\,a^4b^3cd)^3$... $(-3\,a^2b^2c)^6$.
326. Evaluer $(2\,a^2b^2c^3)^n$... $(3\,a^3bc^2d^4)^m$... $(-a^4b^5)^p$.
327. Comment peut-on élever à une puissance dont le degré
    est un nombre composé ? — Qu'est-ce qu'un *nombre*
    composé ?
328. Comment élever à la 4e, à la 6e, à la 8e puissance ?
329. Comment élever à la 9e, à la 10e, à la 12e puissance ?
330. Comment élever à la 16e, à la 18e, à la 24e puissance ?
331. Evaluer $(4)^4$... $(3)^6$... $(5)^8$... $(2)^{10}$.
332. Evaluer $(6)^4$... $(5\,a^2b)^6$... $(2\,xy^2z)^4$
333. Evaluer $(-2\,a^2b^3)^9$... $(-2\,a^5b)^6$... $(-3\,a^4b^2)^9$.
334. Comment peut-on opérer pour élever une quantité à
    une puissance d'un degré quelconque (c'est-à-dire à
    une puissance dont le degré est ou n'est pas un
    nombre composé) ?
335. Comment peut-on élever à la 5e, à la 7e, à la 11e puiss^{ce} ?
336. Comment peut-on opérer pour élever une quantité à
    la 13e, à la 17e, à la 19e puissance ?
337. Evaluer $(12)^5$... $(9)^7$... $(5)^9$... $(3)^7$.
338. Evaluer $(5)^{11}$... $(4)^7$... $(2)^{17}$.
339. Evaluer $(-3\,ab^2)^7$... $(xy^2)^{19}$... $(2\,bcx^2)^{13}$.
340. A quoi est égale une puissance quelconque de 10 ?
341. Evaluer $(10)^2$.. $(10)^4$... $(10)^9$... $(10)^{20}$.
342. A quoi est égale une puissance quelconque d'un nombre
    de dizaines ? — Démontrer ce principe sur 230^3.
343. Evaluer $(90)^2$... $(80)^3$... $(70)^4$... $(60)^5$.
344. Evaluer $(20)^9$... $(30)^7$... $(240)^3$... $(980)^2$.
345. Comment élever une quantité fractionnaire à une puis-
    sance quelconque ? — Démontrer que $\left(\dfrac{a}{b}\right)^3 = \dfrac{a^3}{b^3}$.
346. Evaluer $(\tfrac{1}{2})^4$... $(\tfrac{2}{3})^3$... $(\tfrac{3}{4})^3$... $(\tfrac{2}{5})^2$.
347. Evaluer $(\tfrac{5}{6})^2$... $(2\tfrac{1}{2})^3$... $(4\tfrac{2}{3})^3$... $(8\tfrac{1}{5})^2$.
348. Evaluer $(0{,}24)^2$... $(0{,}09)^3$... $(2{,}013)^2$.

349. Evaluer $\left(\dfrac{a}{b}\right)^2 \ldots \left(\dfrac{b}{c}\right)^3 \ldots \left(\dfrac{c}{d}\right)^4 \ldots \left(\dfrac{m}{n}\right)^5.$

350. Evaluer $\left(\dfrac{ab}{cd}\right)^5 \ldots \left(\dfrac{2a}{3b}\right)^4 \ldots \left(\dfrac{3b}{4c}\right)^3 \ldots \left(\dfrac{2a^2b}{b^2cd^3}\right)^2.$

351. Evaluer $\left(-\dfrac{3a^2b^2c}{2dfgh^3}\right)^2 \ldots \left(\dfrac{-3ab^3m}{4cdn^2}\right)^4 \ldots \left(\dfrac{5m^2n^3}{-2a^2bc}\right)^3$

352. Evaluer $\left(\dfrac{6ab^2x}{7cdy^2}\right)^3 \ldots \left(\dfrac{4}{3ab^2c}\right)^2 \ldots \left(\dfrac{9a^2b^2cd^3}{5}\right)^3.$

353. Evaluer $\left(\dfrac{\frac{1}{2}a^2bc}{xy^2z}\right)^2 \ldots \left(\dfrac{cd^2m}{\frac{2}{3}ab^2x}\right)^3 \ldots \left(\dfrac{a^2bn^2}{cd^2m}\right)^x.$

IXe LEÇON.

MULTIPLICATION DES POLYNOMES.

354. Comment faire la multiplication des polynomes?

355. Démontrer cette règle sur $(b-c) \times (d-m)$.

356. Evaluer $(8+3) \times (6-2) \ldots (9-7) \times (6+2).$

357. Evaluer $(7+3-2) \times (8-5) \ldots (8-6) \times (7-3).$

358. Etant démontré que $(a-b) \times (c-d) = ac - bc - ad + bd$, en déduire la règle des signes, en faisant:

$$1^\circ \quad a = b + m, \quad c = d + n;$$
$$2^\circ \quad b = a + m, \quad d = c + n;$$
$$3^\circ \quad a = b + m, \quad d = c + n;$$
$$4^\circ \quad b = a + m, \quad c = d + n. \quad (^*)$$

(*) Lorsque 2° $b = a + m$, et $d = c + n$, on a $(a-b) \times (c-d) = (a-a-m) \times (c-c-n) = -m \times -n$. Or, $(a-b) \times (c-d) = ac - bc - ad + bd$; donc $-m \times -n = ac - bc - ad + bd$. **Afin de**

359. Evaluer $(a^2 + 2ab + b^2) \times (a + b)$.

360. Evaluer $(a^2 + 2ab + b^2) \times (a^2 + 2ab + b^2)$.

361. Evaluer $(3b^2 + 6bc + 3c^2) \times (b - c)$.

362. Evaluer $(b^2 + 2bc + c^2) \times (b^2 - 2bc + c^2)$.

363. Evaluer $(a^3 + 3a^2b + 3ab^2 + b^3) \times (a^3 - 3a^2b + 3ab^2 - b^3)$.

364. Evaluer $(4a^2 - 8ab + 7b^2) \times (-6a^2 + 4ab - 2b^2)$; puis vérifier numériquement l'exactitude du produit en faisant $a = 2$, $b = 3$.

365. Evaluer $(-3a^2 + 4ab - 6b^2) \times (-7a^2 + 3ab - b^2)$.

366. Evaluer $(3a + 4b - 5d) \times (2a - 3b - 4d)$.

367. Evaluer $(-5a^2b^2 + 6a^3b + 7a^2bc - 4abc^2 - b^4) \times (-3a^2b + 4a^3 - 5ab^2 + b^3)$; puis vérifier numériquement l'exactitude du produit, en faisant $a = 2$, $b = 3$, $c = 4$.

368. Evaluer $(a + b)^2 \times (a - b)^2 \times (a^2 + b^2)^2$; puis vérifier l'exactitude du produit, en faisant $a = 3$, $b = 2$.

369. Evaluer $(c + d)^3 \times (c - d)^3 \times (c + d)^3$; puis vérifier l'exactitude du produit en faisant $c = 3$, $d = 2$.

370. Evaluer $(a + b) \times (a + c) \times (a + d) \times (a + e)$.

371. Evaluer $(x + 1) \times (x + 2) \times (x + 3) \times (x + 4)$.

372. Evaluer $(x + 1) \times (x - 2) \times (x + 3) \times (x - 4)$.

373. Evaluer $(a - 1) \times (a - 2) \times (a - 3) \times (a - 4)$.

374. Evaluer $(a + b + c)(a - b + c)(a + b - c)(b + c - a)$

375. Evaluer $(m + n - p)(m - n + p)(m + n + p)(n + p - m)$.

376. Evaluer $(a^4 + a^3b + a^2b^2 + ab^3 + b^4)(a - b)$.

377. Evaluer $(x^6 + x^5y + x^4y^2 + x^3y^3 + x^2y^4 + xy^5 + y^6)(x - y)$.

trouver le produit de $-m$ par $-n$, remplaçons b par $a + m$, et d par $c + n$; nous aurons $ac - bc - ad + bd$

$$= ac - (a + m)c - a(c + n) + (a + m)(c + n)$$
$$= ac - ac - cm - ac - an + ac + cm + an + mn$$
$$= + mn : \text{donc} -m \times -n = + mn.$$

Pour les autres cas 1°, 3°, 4°, opérer d'une manière analogue.

378. Evaluer $(a^{m-1} + a^{m-2}\, b + a^{m-3}\, b^2 + a^{m-4}\, b^3 + \ldots + a\, b^{m-2} + b^{m-1}) \times (a - b)$.

379. Que donne la somme de deux quantités multipliées par leur différence?

380. A quoi est toujours égale la différence des carrés de deux quantités?

381. Que donne $(a+b)(a-b)?\ldots (b+c)(b-c)?$

382. Que donne $(ab+ac)(ab-ac)?\ldots (bc+bd)(bc-bd)?$

383. Que donne $(2a+3b)(2a-3b)?\ldots (a+b^2)(a-b^2)?$

384. Que donne $(7ab^2+3a^2b)(7ab^2-3a^2b)?$

385. Que donne $(-a-b)(-a+b)?\ldots (x+3)(x-3)?$

386. Que donne $(a+b+c)(a+b-c)?$

387. Décomposer en ses deux facteurs $a^2-b^2\ldots b^2-c^2$.

388. Décomposer $c^2-d^2\ldots 4a^2-9b^2\ldots 25\,x^2y^4-16\,x^2z^2$.

389. Décomposer $(a+b)^2-c^2\ldots a^2-(b+c)^2$.

390. Décomposer $9\,m^4n^2-p^2\ldots 16\,a^4m^2-4\,b^2c^4$.

391. Décomposer $(a-b)^2-(c-d)^2\ldots (x+y)^2-z^2$.

392. Combien coûteront a kilogrammes de quinquina, à b francs le kilogramme?

393. J'ai acheté a mètres de drap, à x francs le mètre ; b mètres de toile, à y francs, et c mètres de velours, à z francs : combien ai-je acheté de mètres, et combien ai-je dépensé?

394. Un particulier emploie trois ouvriers : le premier reçoit par mois a francs, le second b francs de plus que le premier, et le troisième c francs de moins que le second. Quelle somme débourse-t-il pour 6 mois de travail?

395. Il arrive dans un hôtel deux compagnies de voyageurs. La première se compose de n individus qui dépensent chacun x francs ; la seconde compte 3 hommes de moins, mais ils dépensent chacun 5 francs de plus que les premiers. Combien l'hôte doit-il recevoir?

396. On a formé un mélange de 100 hectolitres avec du blé, de l'avoine et de l'orge. Le blé coûte x francs l'hectolitre ; l'avoine 4 francs de moins que le blé, et l'orge 2 francs de moins que l'avoine. Or, dans les

100 hectolitres, il y en a a de blé et b d'avoine. Trouver le prix total du mélange.

397. On sait, par la géométrie, que la surface de tout *parallélogramme* est égale au produit de sa base par sa hauteur : exprimer la surface d'un parallélogramme dont la base est b, et la hauteur h.

398. Exprimer la surface d'un parallélogramme dont la base est a, et la hauteur double de la base.

399. La surface d'un *triangle* rectiligne est égale à la moitié du produit de la base par la hauteur : exprimer la surface d'un triangle dont la base est b, et la hauteur h.

400. Exprimer la surface d'un triangle dont la base est a, et la hauteur quadruple de la base.

401. La surface d'un *trapèze* est égale à la moitié du produit de la somme des bases par la hauteur : exprimer la surface d'un trapèze dont les bases sont b et b', et la hauteur h.

402. Exprimer la surface d'un trapèze dont la petite base est a, la grande double de la petite, et la hauteur égale à la somme des deux bases.

403. La *circonférence* d'un cercle est égale au diamètre multiplié par un nombre constant π, qui est le rapport de la circonférence au diamètre : exprimer la circonférence d'un cercle dont le diamètre est d.

404. Exprimer la circonférence d'un cercle dont le rayon est r. (Le rayon est la moitié du diamètre.)

405. La surface du *cercle* est égale à sa circonférence multipliée par la moitié de son rayon : exprimer la surface d'un cercle dont le rayon est r.

406. La surface d'une *ellipse* est égale au produit de ses deux demi-axes par le nombre constant π : exprimer la surface d'une ellipse dont les axes sont a et b.

407. Exprimer la surface d'une ellipse dont le grand axe est double du petit, celui-ci étant a.

408. La surface d'une *sphère* est égale à sa circonférence

multipliée par son diamètre : exprimer la surface d'une sphère dont le diamètre est d.

409. Exprimer la surface d'une sphère dont le rayon est r.

Xe LEÇON.

—

PUISSANCES DES POLYNOMES.

410. Que faire pour former une puissance quelconque d'u n polynome ?

411. Evaluer $(a+b+c)^2$... $(2a+3b)^3$... $(5x-7y)^2$.

412. Evaluer $(x+y-z)^3$... $(2a+3b^2+4c^3+5d^4)^2$.

413. Que renferme le carré d'un binome ?

414. Evaluer $(a+b)^2$... $(b+c)^2$... $(c+d)^2$... $(d+e)^2$.

415. Evaluer $(a+2b)^2$... $(bc+c^2)^2$... $(3a^2b+2b^2c)^2$.

416. Evaluer $(3ab^2+2a^2b)^2$... $(6ax^3+3a^2x^2)^2$.

417. Evaluer $(3+4)^2$... $(5+6)^2$... $(8+7)^2$... $(9+8)^2$.

418. Que renferme le carré de la somme de deux nombres ?

419. Que renferme le carré d'un nombre composé de dizaines et d'unités ?

420. Quelles sont les trois parties du carré de 35 ?... de 43 ?... de 58 ?... de 86 ?

421. Quelles sont les trois parties du carré de 123 ?... de 234 ?... de 3456 ?... de 4507 ?

422. Quelles sont les trois parties du carré de 35006 ?... de 29 ?... de 8004 ?... de 10001 ?

423. Que vaut $(x+1)^2$?... Que faut-il conclure de là ?

424. De quoi se composé le carré de 3, celui de 4, celui
     de 5, celui de 6, celui de 7?
     (*Rép.* : Le carré de 3 contient le carré de 2, plus deux
     fois 2, plus 1; le carré de 4 renferme le carré de 3,
     plus....)
425. Que renferme le carré de 8, celui de 9, celui de 10,
     celui de 11, celui de 12?
426. Quelle est la différence entre les carrés de deux nom-
     bres entiers consécutifs?
427. Que vaut $10^2 - 9^2$?.. $9^2 - 8^2$?.. $8^2 - 7^2$?.. $7^2 - 6^2$?
428. Que vaut $20^2 - 19^2$?.. $100^2 - 99^2$?.. $1001^2 - 1000^2$?
429. Que vaut $(x-a)^2$?... En général, à quoi est égal le
     carré de la différence de deux nombres?
430. Que vaut $(x+a)^3$?... En général, que renferme le
     cube d'un binome?
431. Evaluer $(a+b)^3$... $(b+c)^3$... $(c+d)^3$... $(d+e)^3$.
432. Evaluer $(2a+b)^3$... $(ab+2b)^3$... $(3a^2b+cd^2)^3$.
433. Evaluer $(abc+d^2)^3$... $(2a^2b^2c+4d^2mn)^3$.
434. Evaluer $(4+5)^3$... $(7+6)^3$... $(8+2)^3$... $(6+4)^3$.
435. Que renferme le cube de la somme de deux nombres?
436. Que renferme le cube d'un nombre composé de dizaines
     et d'unités?
437. Quelles sont les quatre parties du cube de 35, de 44,
     de 67, de 98?
438. Quelles sont les quatre parties du cube de 124, de 235,
     de 1234, de 4506?
439. Quelles sont les quatre parties du cube de 8002, de 501,
     de 7766, de 1001?
440. Que vaut $(x+1)^3$?... Que faut-il conclure de là?
441. Que renferme le cube de 5, celui de 6, celui de 7, celui
     de 8, celui de 9?
     (*Rép.* : Le cube de 5 renferme le cube de 4, plus trois
     fois le carré de 4, plus trois fois 4, plus 1; le cube
     de 6 renferme le cube de 5, plus...)
442. Que renferme le cube de 10, celui de 11, celui de 12,
     celui de 13, celui de 14?

443. Quelle est la différence entre les cubes de deux nombres entiers consécutifs?

444. Que vaut $10^3 - 9^3$?... $9^3 - 8^3$?... $8^3 - 7^3$?... $7^3 - 6^3$?

445. Que vaut $20^3 - 19^3$?... $100^3 - 99^3$?... $1001^3 - 1000^3$?

446. Que vaut $(x - a)^3$?... En général, à quoi est égal le cube de la différence des deux nombres?

XIe LEÇON.

SUITE DES PUISSANCES DES POLYNOMES.

447. Evaluer $(x + y + z)^2$... $(a + b + c + d)^2$. (*)

448. Evaluer $(m + n + p)^2$... $(m + n + x + y + z)^2$.

449. Evaluer $(x + y + z)^3$... $(m + n + p)^3$.

450. Evaluer $(a + b + c + d)^3$... $(m + n + x + y + z)^3$.

451. Evaluer $(x + y - z)^2$... $(a + b + c - d)^3$. (**)

452. Evaluer $(a - b - c + d)^3$... $(x - y - z)^2$.

(*) Du carré, du cube d'un binome, on passe aisément au carré, au cube d'un polynome quelconque : pour cela, on considère le dernier terme du polynome comme le second d'un binome dont le premier terme est la somme algébrique de tous les autres. Ainsi, $a + b + c$ étant égal à $(a + b) + c$, nous aurons :

$$(a+b+c)^2 = (a+b)^2 + 2c(a+b) + c^2$$
$$= a^2 + 2ab + b^2 + 2ac + 2bc + c^2$$
et... $(a+b+c)^3 = (a+b)^3 + 3c(a+b)^2 + 3c^2(a+b) + c^3$
$$= a^3 + 3a^2b + 3ab^2 + b^3 + 3c(a^2 + 2ab + b^2)$$
$$+ 3ac^2 + 3bc^2 + c^3$$
$$= a^3 + 3a^2b + 3ab^2 + b^3 + 3a^2c + 6abc + 3b^2c$$
$$+ 3ac^2 + 3bc^2 + c^3.$$

On verra aisément comment $(x+y-z)^2$ se déduit de $(x+y+z)^2$, etc.

453. Quels sont les deux premiers termes de $(a+b)$?

454. Quels sont les deux premiers termes de $(b+c)^4$...
de $(c+d)^4$?... de $(a+d)^5$?

455. Quels sont les deux premiers termes de $(a+d)^6$?...
de $(b+c)^7$?... de $(c+d)^9$?

456. Quels sont les deux premiers termes de $(b+d)^{10}$?...
de $(x+y)^{12}$?... de $(y+z)^{20}$?

457. Quels sont les deux premiers termes de $(a+b)^m$?...
Que concluez-vous de là?

458. Que renferme la puissance m d'un nombre composé
de dizaines et d'unités?

459. Quels sont les deux premiers termes de 47^4, de 74^5,
de 83^6, de 123^7?

460. Quels sont les deux premiers termes de 14^8, de 22^9,
de 33^{10}, de 44^{11}?

461. Quels sont les deux premiers termes de 234^{12}, de
3456^{19}, de 40008^{100}?

462. N'y a-t-il pas quelque moyen, autre que la multiplication ordinaire, de trouver aisément tous les termes
d'une puissance quelconque d'un binome?
(*Rép.* Oui. — Soit le binome $a+b$. Pour passer d'un
terme au suivant, multipliez son coefficient par l'exposant de a dans ce terme, divisez le produit par le
nombre qui marque le rang de ce terme, vous aurez
le coefficient; diminuez ensuite d'une unité l'exposant
de a, et augmentez d'une unité celui de b).

463. Développer $(a+b)^4$... $(b+c)^5$... $(c+d)^7$... $(d+c)^8$.
(*Rép.* : $(b+c)^5 = b^5 + 5\,b^4c + 10\,b^3c^2 + 10\,b^2c^3 +$
$5\,bc^4 + c^5$)....

464. Développer $(m+n)^6$... Que renferme la puissance 6e
d'un binome?

465. Développer $(x+y)^7$... $(y+z)^7$... Que renferme la
puissance 7e d'un binome?

466. Développer $(x+z)^8$... $(a+b)^8$... Que renferme la
puissance 8e d'un binome?

467. Développer $(a+b)^9$... $(b+c)^9$... Que renferme la
puissance 9e d'un binome?

468. Développer $(x+y)^{10}$... $(x+z)^{10}$... Que renferme la puissance 10e d'un binome?

469. Quelle est la somme des coefficients de $(a+b)^5$?

470. Quelle est la somme des coefficients de $(b+c)^6$?... de $(c+d)^7$?.. de $(a+d)^8$?

471. Quelle est la somme des coefficients de $(2a+b)^4$?... de $(x+2y)^5$?... de $(2x+3y)^6$?

472. Quelle est la somme des coefficients de $(x+a)^m$?

XIIe LEÇON,

—

DIVISION DES MONOMES.

473. Qu'est-ce que la division? — Qu'est-ce que le dividende? — le diviseur? — le quotient?

474. Quel est le quotient quand on divise le produit de deux facteurs par l'un de ces facteurs?

475. Evaluer $\dfrac{ab}{b}$... $\dfrac{bc}{c}$... $\dfrac{mn}{m}$... $\dfrac{4.3}{4}$... $\dfrac{8.12}{12}$.

476. Quel est le quotient, quand on divise le produit de plusieurs facteurs par un de ces facteurs? — par le produit de quelques-uns de ces facteurs?

477. Evaluer $\dfrac{abcd}{c}$... $\dfrac{bcd}{b}$... $\dfrac{2.3.4}{2}$... $\dfrac{3.4.5.6}{6}$.

478. Evaluer $\dfrac{abcd}{ab}$... $\dfrac{bcdef}{cde}$... $\dfrac{xyz}{xyz}$... $\dfrac{5.6.7.8}{5.7.8}$.

479. Evaluer $\dfrac{4abx}{4b}$... $\dfrac{3mn}{mn}$... $\dfrac{6.7.8.9.1234}{6.7.8.9.1234}$.

480. Que faire pour diviser un produit?
481. Comment diviser par un produit?
482. Comment diviser un monome par un monome?
483. Diviser a^3b^2 par $-ab$... $5\,a^4b^3c$ par a^2b^2.
484. Diviser $18\,a^6b^4c^2$ par $6\,a^4bc$... $-39\,a^5b^3c^4$ par $13\,a^2b^3$.
485. Diviser $20\,a^2b^2c$ par $4\,ab$... $15\,a^4b^3c^2d$ par $3\,a^2b^2c^2$.
486. Diviser $8\,ab^2c^3d^4m$ par $4abcd$... $24m^2n^3p^4$ par $8mn^3p^4$.
487. Diviser $-30\,ab^4c^2d$ par $3\,ab^4cd$... $28\,b^2c^3m^2n^3$ par
$\quad -7\,m^2n^2$.
488. Diviser $-55\,a^4b^3c^2d^5$ par $-5\,a^2b^2c^2d^2$... $33\,m^2n^2x$
$\quad$ par $-11\,mnx$.
489. Diviser $2\,a^2bx$ par $\frac{1}{3}a^2b$... $-4x^2y^2z$ par $-\frac{2}{3}xyz$.
490. Diviser $12\,a^mb^n$ par $4\,a^2b^3$.... $20\,a^3b^2c^4$ par $4\,a^mb^nc^s$...
$\quad 33\,a^mb^nc^s$ par $11\,a^xb^yc^z$.
491. Comment opérer, si le coefficient du dividende ne con-
$\quad$ tient pas exactement celui du diviseur?
492. Diviser $8\,a^2b^4c^3d^2$ par $-5\,abc^3d^2$... $-4bc^2d^3$ par $7bc^2d$.
493. Diviser $-6\,mnp^2$ par $13\,np$... $5xy^2z^3$ par $7xyz$.
494. Diviser $-17\,ad^4r^3$ par $3\,ad^2r^2$... $3\,dn^2rs^3$ par $-6\,dn^2rs^2$
495. Diviser $4\,x^ay^bz^c$ par $3\,x^2y^3z^4$... $5\,a^mb^nc^s$ par $7\,a^xb^yc^z$.
496. Comment opérer, s'il se trouve dans le diviseur une
$\quad$ lettre qui n'est pas dans le dividende? — si un ex-
$\quad$ posant dans le diviseur surpasse l'exposant de la
$\quad$ même lettre dans le dividende?
497. Diviser $8\,a^2cd^3m^2$ par $4\,abcd^2$... $7\,a^2b^3cd$ par $5\,a^3bcm$.
498. Diviser $12\,mnp^2r$ par $5\,am^2np$... $18\,a^2xy$ par $9\,a^3xz$.
499. Diviser $24\,ax^2y$ par $18\,ax^3yz$... $32\,mnp$ par $16\,m^2n^3$.
500. Comment diviser un polynome par un monome?
501. Diviser $3\,a^2 - 4ab + 3\,ac$ par a... $a^2 + 2ab + b^2$
$\quad$ par $-a$.
502. Diviser $-7\,a^5b^2 + 6\,a^2b^3 - 5\,b^2$ par $-b^2$.
503. Diviser $-8\,a^4b^3 + 12\,a^2b^5 - 16\,ab^5$ par $4\,ab^3$.
504. Diviser $-6\,a^mb^n - 8\,a^pb^r + 12\,a^sb^t$ par $2\,a^3b^2$.
505. Diviser $5\,a^2b^3 + 4\,ab^2 - 7\,ab^3 + 6\,a^2b^2$ par $3\,a^mb^n$.
506. Diviser $12\,a^2b^3c + 8\,ab^2c^3 - 4\,a^3b^2c + 16\,a^4b^2$ par $4\,ab$.
507. Diviser $21\,amn^2 - 18\,a^2bcmn^2 + 15\,a^2b^3m^2n^3$ par
$\quad 3\,abmn$.

508. Décomposer $8\,a^4b^2 - 6\,a^2b^4 + 10\,ab^5$ en deux facteurs dont l'un soit $2\,ab^2$.

509. Décomposer $a^2h + ah^2 + h^2$ en deux facteurs, dont l'un soit h.

510. Décomposer $2\,a^2h + 3\,ah^2 - h^3$ en deux facteurs, dont l'un soit $\frac{1}{3}\,h$.

511. Décomposer $5\,cd + 3\,c^2d^2$ en deux facteurs, dont l'un soit $5\,cd$.

512. Décomposer $\frac{1}{3}\pi R^2h + \frac{1}{3}\pi R'^2h + \frac{1}{3}\pi R R'h$ en deux facteurs, dont l'un soit $\frac{1}{3}\pi h$.

513. Par quoi multiplier $\frac{1}{2}\,h$, pour trouver $\frac{1}{2}\,ah + \frac{1}{2}\,bh - \frac{1}{2}\,ch$?

514. Par quoi multiplier $-3\,bc^2$, pour trouver $3\,ab^2 - 3\,bc^2 + 3\,ac$?

515. Par quoi multiplier $-3\,a^2$, pour trouver $-3\,a^2 - 6\,ab + ab^2$?

516. Par quoi multiplier -1, pour trouver $-a^2 + 2\,ab - b^2$?

517. Comment diviser un monome par un polynome?

518. Diviser $3\,a^2b$ par $6\,ab + 3\,ac$... $8\,ab^2$ par $-3\,ab + 2\,ac^2$.

519. Diviser $-7\,a^3b^2$ par $-4\,ab^2 + 7\,a^2c^2$... $-3\,mnp$ par $pe + 3\,mk$.

520. Diviser $-5\,am^3n$ par $10\,am^3 + 15\,m^3n$... $2\,a^2b^3$ par $4\,a^2 - a^2b$.

521. Diviser $-36\,a^2b^4c^6$ par $-12\,ab^3c^2 + 18\,b^4c^3$... $3\,xy^2$ par $3\,xy^2 - 6\,x^3y^2$.

522. Diviser $7\,a^6b^2$ par $21\,a^3b^2 + 14\,a^2b^2 - 28\,a^3b^3 + 7\,a^2b^3$.

523. Diviser $12\,a^4b^3m^2x^2y^2z^4$ par $16\,a^3b^4m^5 - 24\,a^2b^3xyz^2 + 4\,a^3b^3m^2$.

524. Diviser $36\,a^3c^4d^2m^2n^2$ par $9\,abcd^2mn^2 + 18\,a^2c^2d^2m^2n^2$.

525. Diviser a^2 par a^2... b^3 par b^3... c^m par c^m.

526. Que vaut une quantité quelconque affectée de l'exposant *zéro* ?

527. Que vaut a^0 ?... b^0 ?... 4^0 ?... 10^0 ?... $(\frac{2}{3})^0$?

528. Que vaut $(0,001)^0$?... 1000^0 ?... $(\frac{1}{1234})^0$?

529. Que vaut $(-4)^0$?... $(\sqrt{a})^0$?... $(2\,a^2b + \sqrt{c})^0$?

530. Si l'on divise a^m par a^n, et que $m = 2$ et $n = 5$, quel
     sera le quotient?

531. Que vaut a^{-2}?... b^{-3}?... c^{-4}?... d^{-5}?... 8^{-1}?

532. Que vaut 10^{-1}?... 9^{-1}?... a^{-m}?... b^{-n}?

533. En général, à quoi est égale une quantité affectée d'un
     exposant négatif?

534. Interpréter $a^3 b^{-4}$... $a^{-2} c^{-6} d^2$... $a^4 (a^2 - b^2)^{-2}$.

235. Interpréter $d^2 (a + b)^{-3}$... $a^4 b^2 (a^2 + 2ab + b^2)^{-3}$.

536. Interpréter $(a^3 + b^3 - c^3)^{-4}$... $a^{-2} b^{-3}$... $(a^2 b^3)^{-1}$.

537. Interpréter $(a^2 + b^2)^{-1}$... $a^{-1} b^{-1}$... 2.3^{-1}.

538. Interpréter 3.4^{-1}... 2.5^{-1}... 8.9^{-1}... 7.8^{-1}.

539. Ecrire sous la forme entière $\dfrac{a}{b}$... $\dfrac{a}{x^2}$... $\dfrac{ab}{c}$.

540. Ecrire de même $\dfrac{b^2}{x^3}$... $\dfrac{bc}{a^2}$... $\dfrac{de}{ab}$... $\dfrac{ab^2 c^3 d}{mn^2 c^3}$.

541. Ecrire de même $\dfrac{dh}{(a+b)^2}$... $\dfrac{k}{c-d}$... $\dfrac{xyz}{a-b+c}$.

542. Donner la règle des exposants négatifs dans la multi-
     cation.

543. Justifier cette règle sur $a^{-m} \times a^{-n}$.... $a^{-m} \times a^n$...
     $a^m \times a^{-n}$.

544. Evaluer $a^{-2} \times a^{-3}$.. $a^{-2} \times a^3$... $a^2 \times a^{-3}$.

545. Evaluer $b^{-1} \times b^2$... $b \times b^{-1}$.. $b^{-2} \times b^2$... $b^{-4} \times b^3$.

546. Evaluer $c^2 \times c^{-1}$,... $d^{-2} \times d^{-1}$... $2 a^{-1} \times 3 ab^{-2}$.

547. Evaluer $3 a^{-2} b \times 5 a^3 b^2 c$... $(a^{-1} + b) \times (a^{-1} - b)$

548. Donner la règle des exposants négatifs dans la division.

549. Justifier cette règle sur $a^{-m} : a^{-n}$... $a^{-m} : a^n$... $a^m : a^{-n}$.

550. Evaluer $a^{-2} : a^{-3}$... $a^{-2} : a^3$... $a^2 : a^{-3}$.

551. Evaluer $b^{-1} : b^2$... $b^2 : b^{-1}$... $c : c^{-2}$.

552. Evaluer $a^2 : 2a^{-1} bc^{-2}$... $3 ab^{-2} c : a^{-2} b^3 c^{-2}$.

553. Evaluer $12^{-1} a^{-2} b^{-3} c^2 d : 12^{-2} a^{-3} b^{-2} c^{-1} d$.

554. Donner la règle des exposants négatifs dans les éléva-
     tions aux puissances.

555. Justifier cette règle sur $(a^{-m})^n$... $(a^m)^{-n}$... $(a^{-m})^{-n}$.

2*

556. Evaluer $(a^{-2})^3$... $(a^2)^{-3}$... $(a^{-2})^{-3}$... $(b^{-3})^2$.

557. Evaluer $(2\,ab^{-1})^2$... $(3\,a^{-2}bc^{-1})^3$... $(4\,x^2y^{-2}z^3)^2$.

558. Evaluer $(ab^2c^{-1}d)^3$... $(mn^{-2}p^3)^3$.

559. Evaluer $\left(\dfrac{ab^{-1}}{c^{-2}}\right)^2$... $\left(\dfrac{2\,a^2b^{-2}c^{-1}}{m^{-2}n^3}\right)^4$.

XIIIe LEÇON.

—

DIVISION DES POLYNOMES.

560. Comment fait-on la division des polynomes ?

561. Diviser $a^2+2ab+b^2$ par $a+b$... $4a^2-b^2$ par $2\,a-b$.

562. Diviser $b^2-2bc+c^2$ par $b-c$... $4a^2-b^2$ par $2a+b$.

563. Diviser $a^3+3a^2b+3ab^2+b^3$ par $a+b$.

564. Diviser $8\,x^3-12\,x^2y+6\,xy^2-y^3$ par $2\,x-y$.

565. Diviser $x^4+4ax^3+6\,a^2x^2+4\,a^3x+a^4$ par $x^2+2\,ax+a^2$.

566. Diviser $b^6+6\,b^5c+15\,b^4c^2+20\,b^3c^3+15\,b^2c^4+6\,bc^5+c^6$ par $b+c$.

567. Diviser $a^4-2a^2b^2+b^4$ par $a^2-2\,ab+b^2$.

568. Diviser $a^6-3\,a^4b^2+3\,a^2b^4-b^6$ par $a^3-3\,a^2b+3\,ab^2-b^3$.

569. Diviser $a^5-5\,a^4b+10\,a^3b^2-10\,a^2b^3+5\,ab^4-b^5$ par $a^2-2\,ab+b^2$.

570. Diviser $95\,a-73\,a^2+56\,a^4-25-59\,a^3$ par $-3\,a^2+5-11\,a+7\,a^3$.

571. Diviser $57\,a^2b^2-37\,a^3b-22\,ab^3+21\,a^4+6\,b^4$ par $4\,ab-3\,a^2-6\,b^2$.

572. Diviser $6\,a^2 - 22\,ad - 12\,b^2 + 20\,d^2 - ab - bd$ par $3\,a + 4\,b - 5\,d$.

573. Diviser $a^2c^2 - 16\,a^4b^3 - a^3b^2c + 8\,a^3bc + 2\,a^4b^4 - 2\,a^3b^2c$ par $a^2c + 8\,a^3b - a^3b^2$.

574. Diviser $71\,x^2 - 14\,x^3 - 154\,x + x^4 + 120$ par $x^3 - 9\,x^2 + 26\,x - 24$.

575. Diviser $5\,a^8 - 10\,a^4b^4 + 5\,b^8$ par $a^6 - a^4b^2 - a^2b^4 + b^6$.

576. Diviser $49\,a^4 + 112\,a^3b + 78\,a^2b^2 + 16\,ab^3 + b^4$ par $7\,a^2 + 8\,ab + b^2$.

577. Diviser $47\,a^3x^2 - 88\,a^4x - 6\,a^2x^3 + 20\,a^5$ par $3\,x^2 + 4\,a^2 - 16\,ax$.

578. Diviser $2401\,a^8 - 4900\,a^6b^2 + 2598\,a^4b^4 - 100\,a^2b^6 + b^8$ par $49\,a^4 - 112\,a^3b + 78\,a^2b^2 - 16\,ab^3 + b^4$.

579. Que donne $\dfrac{a^2 - b^2}{a - b}?\ldots\ \dfrac{a^3 - b^3}{a - b}?\ldots\ \dfrac{a^4 - b^4}{a - b}?$

580. Que donne $\dfrac{a^5 - b^5}{a - b}?\ldots\ \dfrac{x^6 - 1}{x - 1}?\ldots\ \dfrac{x^7 - 1}{x - 1}?$

581. Que donne $\dfrac{1 - a^2}{1 - a}?\ldots\ \dfrac{1 - x^4}{1 - x}?\ldots\ \dfrac{1 - x^6}{1 - x}?$

582. Que donne $\dfrac{a\,(r^n - 1)}{r - 1}?\ldots\ \dfrac{a^m - b^m}{a - b}?$

583. Comment opérer, lorsque plusieurs termes du dividende ou du diviseur sont affectés d'une même puissance de la lettre principale?

584. Diviser $11\,a^2b - 19\,abc + 10\,a^3 - 15\,a^2c + 3\,ab^2 + 15\,bc^2 - 5\,b^2c$ par $5\,a^2 - 5\,bc + 3\,ab$.

585. Diviser $23\,a^2b^3 + 10\,ab^4 + 12\,a^3b^2 - 6\,ab^2c^2 - 31\,a^2b^2c - 29\,a^3bc + 15\,a^3c^2 - 9\,a^2bc^2 + 15\,a^2c^3$ par $3\,ab + 2\,b^2 - 5\,ac$.

586. Diviser $3\,b^2 + 3\,ab - 3\,ac + a^3b^2 - a^2b^2c + a^2b^3 - a^3c^2$ par $b^2 - ac + ab$.

587. Diviser $8\,a^3bc + a^2c^2 - 3\,a^3b^2c + 2\,a^4b^4 - 16\,a^4b^3$ par $-2\,ab^2 + c$.

588. Diviser $a^3b^2c^2 - a^3c^5 + a^3b^3c^3 + 2a^2b^3c^2 - a^2b^6 - a^3b^5 + a^2b^3c^2 - 2a^2c^4$ par $ab^3 - ac^2$.

589. Diviser $5a^2 - 5a - 20a^3 - 31a^2b + 5ab + b^2 - 2b - 10a^4 + 23a^3b + 22a^2b^2 - 9ab^2 + 6a^4b - 7a^3b^2 - 3a^2b^3 + 4ab^3$ par $3ab + b^2 - 2b - 5a$.

590. Diviser $a^4x^4 - a^3bx^4 + a^2b^2x^4 - ab^3x^4 + a^5x^3 - a^4bx^3 + a^3b^2x^3 - a^5bx^2 + a^2b^3x^3 - 2a^4b^2x^2 + a^4b^3x - ab^5x^2 + 2a^3b^4x - a^2b^6$ par $a^3x - abx^2 + a^2x^2 - a^2b^2$.

591. Diviser $23a^2b^3 + 12a^3b^2 + 10ab^4 - 6ab^2c^2 - 31a^2b^2c - 29a^3bc - 9a^2bc^2 + 15a^3c^2 + 15a^2c^3$ par $3ab + 2b^2 - 5ac$.

592. Soit $A = ax^5 + bx^4 + cx^3 + dx^2 + ex + f$: diviser A par $x - 1$; le diviser par $x + 1$; et dire l'analogie qui existe entre le dividende et le reste.

593. Soit $B = ax^4 + bx^3 + cx^2 + dx + e$: diviser B par $x - 1$; le diviser par $x + 1$; et dire l'analogie qui existe entre le dividende et le reste.

594. Diviser A par $x - m$; le diviser par $x + m$; et dire l'analogie existante entre A et le reste.

595. Diviser B par $x - m$; le diviser par $x + m$; et dire l'analogie existante entre B et le reste.

596. Diviser $ax^n + bx^{n-1} + cx^{n-2} + dx^{n-3} + \ldots + xy + z$ par $x - m$; diviser le même polynome par $x + m$; et faire remarquer l'analogie entre le dividende et le reste de la division.

597. Le nombre $23\,456 = 20\,000 + 3000 + 400 + 50 + 6 = 2 \cdot 10\,000 + 3 \cdot 1000 + 4 \cdot 100 + 5 \cdot 10 + 6 = 2 \cdot 10^4 + 3 \cdot 10^3 + 4 \cdot 10^2 + 5 \cdot 10 + 6$, et il en est ainsi de tout nombre entier dans le système usuel de numération dont la base est 10. On voit donc que si l'on désigne par x la base d'un système de numération ; par a, b, c, d, e,.... les chiffres d'un nombre quelconque, en commençant par la gauche, et par $n + 1$ la quantité des chiffres, tout nombre entier sera représenté par $ax^n + bx^{n-1} + cx^{n-2} + dx^{n-3} + \ldots + xy + z$. — Cela posé,

598. Trouver à quoi on reconnaît, dans un système quelconque de numération, qu'un nombre est divisible par la base diminuée ou augmentée d'une unité. (*Voir les Nᵒˢ 592 et 597, ci-dessus.*)

599. Dans le système décimal, trouver à quoi on reconnaît qu'un nombre est divisible par 9 ou par 11.

600. Dans un système quelconque de numération, trouver à quelles marques on reconnaît qu'un nombre est divisible par la base diminuée ou augmentée de 3 unités (Nᵒˢ 596 et 597).

601. Dans le système décimal, trouver à quoi on reconnaît qu'un nombre est divisible par 7 ou par 13.

602. De deux nombres dont le produit est P, l'un est a, quel est l'autre ?

603. On a payé a francs pour b stères de bois : à combien revient le stère ?

604. Combien aura-t-on de kilogrammes de quinquina pour z francs, à n francs le kilogramme ?

605. Combien aura-t-on de litres de vin pour a francs, à n centimes le litre ?

606. Un capitaine a fait, dans un armement, un bénéfice de a francs ; on ignore de combien il y était intéressé ; mais on sait qu'il a eu c centimes de bénéfice par franc : quel était cet intérêt ?

607. Une pièce de vin contenant a litres, coûte une somme s francs : combien faut-il revendre le vin en détail pour gagner b francs sur le tout ?

608. Une pièce de drap contenant m mètres se vend a fr. : trouver le prix d'une autre pièce du même drap contenant n mètres.

609. Deux militaires ont m myriamètres à faire pour rejoindre leur corps ; l'un fera k kilomètres par jour, et l'autre b de moins ; mais celui-ci veut arriver en même temps que le premier : combien doit-il partir de jours avant lui ?

610. On a payé a francs pour copier un volume, à raison de c centimes le cent de lettres : combien y a-t-il

de pages dans ce volume, sachant que chaque page est de m lignes, et la ligne de n lettres?

611. Un propriétaire a a francs de rente; il paie b francs de contributions, et est abonné avec un architecte, pour les réparations, à raison de c francs par an : combien a-t-il net à dépenser par jour?

612. On a dépensé a francs pour vitrer une maison : il y a c carreaux à chaque fenêtre, et chaque carreau coûte d centimes : combien y a-t-il de fenêtres?

613. On emploie trois ouvriers : le premier fait a mètres en m jours; le second b mètres en n jours, et le troisième c mètres en p jours : en combien de jours, travaillant ensemble, font-ils x mètres?

614. On mêle ensemble a litres de vin à m centimes le litre, b litres d'une autre qualité à n centimes, puis c litres d'une troisième qualité à p centimes le litre : combien faut-il revendre le litre du mélange pour gagner x francs sur le tout?

615. On a fait un mélange qui coûte P francs. On y a mis a hectolitres de seigle à m francs le décalitre; b décalitres d'avoine à n francs l'hectolitre, et c litres de froment : à combien revient l'hectol. de froment?

616. Une marchandise coûte a francs : combien faut-il la revendre pour gagner x pour cent?

617. On a perdu b pour cent sur une marchandise qui coûtait a francs : combien l'a-t-on revendue?

618. Combien donne d'intérêt annuel la somme A placée à t pour cent par an?

619. On place une somme B à t pour cent par an : quel intérêt donnera-t-elle dans n années?

XIV°, XV° LEÇON.

—

RACINE CARRÉE.

620. Quand est-ce que la racine carrée d'un nombre est *à moins d'une unité près?* — Rappelez-nous ce qu'on appelle *racine carrée* d'une quantité, et comment on l'indique.

621. Combien y a-t-il de chiffres dans la partie entière de la racine carrée d'un nombre qui n'a pas plus de deux chiffres? — Quels sont les carrés des dix premiers nombres entiers? — Quel est l'usage de cette table?

622. Comment extraire la racine carrée d'un nombre entier qui a plus de deux chiffres?

623. Lorsqu'à la fin de l'opération on trouve un reste, que faut-il en conclure? — Quel est le plus grand reste qu'on puisse trouver? — Pourquoi?

624. Comment extraire, à moins *d'une unité* près, la racine carrée d'un nombre entier joint à une fraction, par exemple, $456\frac{8}{9}$?

Extraire, à moins d'une unité près, la racine carrée

625. De 1296.	631. De 5 040 432 016.
626. De 20 736.	632. De 8 101 234 567.
627. De 82 944.	633. De 45 678 921 234.
628. De 75 429 225.	634. De 789 103 450 000.
629. De 13 756 681.	635. De 1 234 567 654 321.
630. De 629 156 889.	636. De 987 654 321 000.

Extraire, à moins d'une unité près, la racine carrée

637. De 776 655 443 322.
638. De 112 233 445 566.
639. De 223 344 556 677.
640. De 3 344 556 677.
641. De 445 566 778 899.
642. De 556 677 889 900.
643. De 667 788 990 000.
644. De 778 899 000 000.
645. De 8 899 000 000 000.
646. De 99 000 000 000.
647. De 6 482 082 064.
648. De 4 904 363 636.
649. De 81 000 000 000.
650. De 121 000 000 000.
651. De 1 443 650 650 650.
652. De 1 699 824 932 636.
653. De 1 962 936 124 337.
654. De 5 766 347 743 437.

XVIe, XVIIe, XVIIIe LEÇON.

RACINE m, A MOINS D'UNE UNITÉ PRÈS.

655. Qu'entendez-vous par la racine m d'une quantité ?
656. Combien la partie entière de la racine m d'un nombre entier a-t-elle de chiffres, lorsque ce nombre n'en a pas plus de m ? — Pourquoi ?
657. Dire, de mémoire, les cubes des dix premiers nombres entiers.
658. Comment extraire, à moins d'une unité près, la racine m d'un nombre entier qui n'a pas plus de m chiffres ?
659. Combien y a-t-il de chiffres dans la partie entière de la racine m d'un nombre entier qui a plus de m chiffres ? — Pourquoi ?
660. Comment extraire, à moins d'une unité près, la racine m d'un nombre entier qui a plus de m chiffres ?

661. Comment extraire, à moins d'une unité près, la racine m d'un nombre fractionnaire?

662. Comment extraire, à moins d'une unité près, la racine cubique d'un nombre entier? — Rappelez-nous d'abord ce qu'on appelle *racine cubique* d'un nombre.

663. 664. 665. Comment extraire, à moins d'une unité près, la racine 5e, la racine 7e, la racine 11e d'un nombre entier? nombre entier?

Extraire, à moins d'une unité près, la racine cubique

666. De 1728.
667. De 13 824.
668. De 21 592.
669. De 32 768.
670. De 46 656.
671. De 110 592.
672. De 175 616.
673. De 262 148.
674. De 373 248.
675. De 884 736.
676. De 1 404 928.
677. De 2 097 184.

678. De 2 985 984 000.
679. De 729 000 000.
680. De 34 300 000 000.
681. De 1 250 000 000.
682. De 216 000 000 000.
683. De 7 077 888 000.
684. De 11 239 424 000 000.
685. De 16 777 472 123 456.
686. De 8 123 456 789 000.
687. De 27 987 654 321 000.
688. De 64 897 654 321 678.
689. De 23 887 872 999 888 777.

Extraire à moins d'une unité,

690. La racine 5e de 248 832.
691. La racine 5e de 1 721 036 800 000.
692. La racine 7e de 78 364 164 096.
693. La racine 5e de 123 456 789 000 000.
694. La racine 7e de 9 876 543 210 000 000.
695. La racine 11e de 204 800 000 000 000.

XIXᵉ LEÇON.

—

RACINE m D'UNE QUANTITÉ MONOME.

696. Comment extraire la racine m d'un produit? — Justifier le procédé en démontrant que $\sqrt{abc} = \sqrt{a} \times \sqrt{b} \times \sqrt{c}$.

697. Eval. $\sqrt{abcd}$.

698. Eval. $\sqrt{mnp}$.

699. Eval. $\sqrt[3]{abc}$.

700. Eval. $\sqrt[3]{axyz}$.

701. Eval. $\sqrt[4]{(a+b)(a+c)}$.

702. Eval. $\sqrt[4]{ab(m-n)}$.

703. Eval. $\sqrt{1.4.9.16}$.

704. Eval. $\sqrt{81.64.49}$.

705. Eval. $\sqrt{36.25.144}$.

706. Eval. $\sqrt{121.169.400}$.

707. Eval. $\sqrt[3]{1.27.64}$.

708. Eval. $\sqrt[3]{125.216.343}$.

709. Eval. $\sqrt[3]{512.729.1000}$.

710. Eval. $\sqrt[3]{1728.1331}$.

711. Comment extraire la racine m d'une quantité affectée d'un exposant? — Justifier cette règle en démontrant que $\sqrt{a^6} = a^3$.

712. Comment extraire la racine m d'une quantité monome, abstraction faite de son signe?

713. Eval. $\sqrt{A^2}$.

714. Eval. $\sqrt{a^4}$.

715. Eval. $\sqrt[3]{b^3}$.

716. Eval. $\sqrt{4 a^2 b^4}$.

717. Eval. $\sqrt{9 a^4 bc^6}$.

718. Eval. $\sqrt[3]{8 a^6 b^3 c^9}$.

719. Eval. $\sqrt[3]{27 m^3 n^6 p^3}$.

720. Eval. $\sqrt{2^2.3^4.5^6}$.

721. Eval. $\sqrt{9.7^4.100}$.

722. Eval. $\sqrt{7^2.8^4.81}$.

723. Eval. $\sqrt[3]{8.27^2.10^3}$.

724. Eval. $\sqrt{100 x^{2n} b^{4n}}$.

725. Eval. $\sqrt[n]{a^n b^{2n} c^{3n}}$.

726. Eval. $\sqrt[m]{a^{mn} b^{mp} c^{mx}}$.

727. Qu'est-ce qu'une *quantité imaginaire?* — Exemples.

728. Parmi les quantités $\sqrt{-1}$, $\sqrt[3]{-8}$, $\sqrt[4]{-16}$, $\sqrt{+a^4}$, $\sqrt{-b^2}$, dire celles qui sont imaginaires, et pourquoi elles sont telles.

729. Quel est le signe d'une racine de degré *pair* d'une quantité positive?

730. Quel est le signe d'une racine de degré *impair?*

731. Eval. $\sqrt{a^2 b^4}$.

732. Eval. $\sqrt[4]{a^4 x^8}$.

733. Eval. $\sqrt[6]{64\,a^{12}b^6}$.

734. Eval. $\sqrt[3]{64 a^6 b^9 c^3}$

735. Eval. $\sqrt{100\,x^2 y^4 z^6}$.

736. Ev. $\sqrt{49\,a^4 b^2 m^6}$.

737. Ev. $\sqrt[3]{-8\,a^3 b^6 c^3}$.

738. Ev. $\sqrt[5]{32\,m^5 n^{10} p^{15}}$.

739. Ev. $\sqrt[7]{-128\,a^{14} b^7}$.

740. Ev. $\sqrt[3]{+64\,m^3 n^9 p^{12}}$.

741. Comment peut-on opérer, lorsque le degré de la racine est un nombre composé?

742. Comment extraire d'un nombre la racine 4e? — la racine 6e? — la racine 8e?

743. Comment extraire d'un nombre la racine 9e? — la racine 12e? — la racine 16e?

744. Comment extraire d'un nombre la racine 18e? — la racine 24e? — la racine 27e?

745. Comment extraire d'un nombre la racine 32e? — la racine 36e? — la racine 1024e?

746. Comment extraire d'un nombre la racine 10e? — la racine 14e? — la racine 21e? — la racine 40e? — la racine 60e? — la racine 100e?

747. Comment extraire la racine m d'une fraction. — Démontrez que $\sqrt{\frac{4}{9}} = \frac{\sqrt{4}}{\sqrt{9}}$

748. Eval. $\sqrt{\frac{1}{4}}$, $\sqrt{\frac{9}{16}}$.

749. Eval. $\sqrt{\frac{16}{25}}$, $\sqrt[3]{\frac{1}{8}}$.

750. Ev. $\sqrt{\frac{a^2}{b^2}}$, $\sqrt[3]{\frac{a^3 b^6}{c^3}}$

751. Eval. $\sqrt{\frac{9\,a^2 b^4 c^2}{4\,m^2 n^4}}$.

752. Ev. $\sqrt{\frac{5}{20}}$, $\sqrt[3]{\frac{48}{162}}$.

753. Ev. $\sqrt{\frac{45}{80}}$, $\sqrt[3]{\frac{40}{625}}$.

754. Ev. $\sqrt{\frac{a^2 b^6 c^8 d^4}{m^2 n^6 p^4}}$.

755. Ev. $\sqrt[n]{\frac{a^n b^{2n} c^{3n}}{m^n p^{4n}}}$.

756. Comment opérer pour obtenir dans tous les cas un dénominateur rationnel ? — Comment, s'il s'agit d'un nombre fractionnaire ?

Préparer convenablement les quantités suivantes, pour obtenir un dénominateur rationnel :

757..... $\sqrt{\frac{2}{3}}$... $\sqrt{\frac{3}{5}}$... $\sqrt{\frac{a}{b}}$.

758..... $\sqrt[3]{\frac{1}{2}}$..; $\sqrt[3]{\frac{2}{3}}$... $\sqrt[3]{\frac{b}{c}}$.

759...... $\sqrt[4]{\frac{3}{5}}$... $\sqrt[5]{\frac{4}{9}}$... $\sqrt[6]{\frac{5}{8}}$.

760..... $\sqrt{\frac{m}{n}}$... $\sqrt[3]{\frac{m}{n^2}}$... $\sqrt[4]{\frac{a}{b^3}}$.

761..... $\sqrt{4\frac{1}{2}}$... $\sqrt{5\frac{2}{3}}$... $\sqrt{7\frac{1}{8}}$.

762..... $\sqrt[3]{5\frac{1}{2}}$... $\sqrt[3]{6\frac{3}{4}}$... $\sqrt[3]{20\frac{4}{5}}$.

763..... $\sqrt[4]{a+\frac{b}{c}}$... $\sqrt[5]{bc+\frac{x}{y}}$.

764..... $\sqrt{m+\frac{a}{b}}$... $\sqrt[n]{a+b-\frac{1}{c}}$.

XX° LEÇON.

—

CALCUL DES RADICAUX.

765. 766. Comment fait-on l'addition, comment la soustraction des quantités radicales ?

767. Ajouter ensemble $\sqrt{a}$, $\sqrt{b}$, $2\sqrt{a}$, $\sqrt{ab}$, et $3\sqrt{ab}$.

768. Ajouter ensemble $\sqrt[3]{a}$, $\sqrt[3]{b}$, $\sqrt[3]{c}$, $5\sqrt[3]{a}$, et $8\sqrt[3]{b}$.

769. Ajouter ensemble $a\sqrt{b}$, $b\sqrt{c}$, $c\sqrt{b}$, $ab\sqrt{c}$, et $2a\sqrt{b}$.

770. De $\sqrt{a}+2\sqrt[3]{b}-3\sqrt[4]{c}$, ôter $\sqrt{a}-\sqrt[3]{b}+\sqrt[4]{c}$.

771. Soient $A = 3\sqrt{ac}+4\sqrt[3]{bd}-5\sqrt{b}$;
$$B = \sqrt{ac}-\sqrt[3]{bd}+8\sqrt{b}:$$
Trouver $A+B$; trouver $A-B$; trouver $B-A$.

772. Soient $A = \sqrt[n]{a}+\sqrt[m]{ab}-\sqrt[p]{bc}$;
$$B = 2\sqrt[n]{a}+3\sqrt[m]{ab}+4\sqrt[p]{bc};$$
$$C = 3\sqrt[n]{a}-\sqrt[m]{ab}+5\sqrt[p]{bc}:$$
Trouver 1° $A+B+C$; 2° $A+B-C$; 3° $A-B+C$;
4° $A-B-C$; 5° $B-A+C$; 6° $B-A-C$;
7° $C-A-B$.

773. Comment fait-on la multiplication des quantiés radicales de même degré? — Justifier la règle en démontrant que $\sqrt{a}\times\sqrt{b}=\sqrt{ab}$.

774.... Evaluer $\sqrt{a}\times\sqrt{b}\times\sqrt{c}$.

775.... Evaluer $\sqrt[3]{m}\times\sqrt[3]{n}\times\sqrt[3]{p}$.

776.... Evaluer $\sqrt{ab}\times\sqrt{a}\times\sqrt{b}$.

777.... Evaluer $\sqrt[3]{abc}\times\sqrt[3]{a^2b^2c^2}$.

778.... Evaluer $2\sqrt{a}\times 3\sqrt{b}$.

779.... Evaluer $\sqrt{a+b}\times\sqrt{a-b}$.

780.... Evaluer $\sqrt{2a}\times\sqrt{b+c-d}$.

781.... Evaluer $\sqrt[3]{4}\times\sqrt[3]{2}\times\sqrt[3]{64}$.

782.... Evaluer $\sqrt{5}\times\sqrt{125}\times\sqrt{1}$.

783.... Evaluer $\sqrt{2}\times\sqrt{3}\times\sqrt{6}$.

784. Comment fait-on la division des quantités radicales de même degré? — Justifier la règle en démontrant que $\sqrt{a} : \sqrt{b} = \sqrt{\dfrac{a}{b}}$.

785. Evaluer $\sqrt{ab} : \sqrt{b} \ldots \sqrt{6} : \sqrt{2}$.

786. Evaluer $\sqrt{2a} : \sqrt{a} \ldots \sqrt{5} : \sqrt{7}$.

787. Evaluer $2\sqrt[3]{4ab} : \sqrt[3]{\frac{1}{2}ab} \ldots \sqrt[3]{128} : \sqrt[3]{2}$.

788. Evaluer $\sqrt{a^3 + 3a^2b + 3ab^2 + b^3} : \sqrt{a+b}$.

789. Evaluer $\sqrt[3]{a^4 + 4a^3b + 6a^2b^2 + 4ab^3 + b^4} : \sqrt[3]{a+b}$.

790. Evaluer $\sqrt{ab^2c^3} : (\sqrt{a+b} \times \sqrt{a-b} \times \sqrt{c})$.

791. Soient $A = \sqrt{a+b}$; $B = \sqrt{a-b}$; $C = \sqrt{b+c}$:

Trouver 1° $A \times B \times C$; 2° $A : (B \times C)$; 3° $(A \times B) : C$; 4° $(A \times C) : B$; 5° $B : (A \times C)$; 6° $(B \times C) : A$; 7° $C : (A \times B)$.

792. Comment peut-on, dans tous les cas, élever une quantité radicale à une puissance quelconque? — Justifier la règle en démontrant que *le cube* de $\sqrt{a}$ est $\sqrt{a^3}$.

793. Evaluer $(\sqrt[3]{a})^2 \ldots (\sqrt{b})^3$.

794. Evaluer $(\sqrt[4]{ab^2})^2 \ldots (\sqrt[3]{m^2})^6$.

795. Evaluer $(\sqrt{a+b})^3 \ldots (\sqrt[3]{a+b-c})^3$.

796. Evaluer $(\sqrt[3]{a^2 + 2ab + b^2})^2$.

797. Evaluer $(\sqrt[3]{2})^4 \times (\sqrt[3]{4})^2 \times (\sqrt[3]{3})^2$.

798. Evaluer $(\sqrt{8})^3 \times (\sqrt{2})^4 \times (\sqrt{3})^3$.

799. Comment peut-on élever une quantité radicale à une puissance donnée, lorsque l'indice du radical est divisible par l'exposant de cette puissance donnée? — Justifier cette règle particulière en démontrant que *le carré* de $\sqrt[6]{a}$ est $\sqrt[3]{a}$.

800. Evaluer $(\sqrt[4]{a})^2\ldots\ (\sqrt[6]{a+b+c})^3$.

801. Evaluer $(\sqrt{4ab})^2\ldots\ (\sqrt[4]{a^2+2ab+b^2})^2$.

802. Evaluer $(\sqrt[3]{7a^2b^3})^3\ldots\ (\sqrt[mn]{2a+3b^2-c})^m$.

803. Evaluer $(\sqrt{a})^2\ldots\ (\sqrt[3]{b+c})^3\ldots\ (\sqrt[4]{a^2-b^2})^4$.

804. Démontrer qu'on ne change point la valeur d'une quantité radicale en multipliant ou en divisant par un même nombre l'indice du radical et l'exposant de la quantité qu'il recouvre.

XXIᵉ LEÇON.

SUITE DU CALCUL DES RADICAUX.

805. Comment réduire deux quantités radicales au même degré ?

806. Comment opérer pour réduire au même degré un nombre quelconque de quantités radicales ?

Réduire les radicaux suivants au même degré.

807. ... $\sqrt{a}$ et $\sqrt[3]{b}\ldots\ \sqrt[3]{b}$ et $\sqrt[4]{c}$.

808. ... $\sqrt{m}$ et $\sqrt[4]{n}\ldots\ \sqrt[3]{x}$ et $\sqrt[6]{y}$.

809. ... $\sqrt[4]{ab^2}$ et $\sqrt[6]{bc}\ldots\ \sqrt{10}$ et $\sqrt[4]{10}$.

810. ... $\sqrt{a}$, $\sqrt[3]{b}$ et $\sqrt[4]{c}\ldots\ \sqrt[3]{m^2}$, $\sqrt[4]{n^3}$ et $\sqrt[5]{m^2n^3}$.

811. ... $\sqrt[8]{a}$, $\sqrt[4]{b}$, $\sqrt{c}$, $\sqrt[3]{d}$ et $\sqrt[12]{m}$.

812. ... $\sqrt{10}$, $\sqrt[4]{10}$, $\sqrt[8]{10}$, $\sqrt[16]{10}$ et $\sqrt[32]{10}$.

813. ... $\sqrt{2}$, $\sqrt[3]{3}$, $\sqrt[4]{4}$, $\sqrt[5]{5}$, $\sqrt[6]{6}$, $\sqrt[12]{7}$.

814. ... $\sqrt[30]{8}$, $\sqrt[15]{8}$, $\sqrt[5]{9}$, $\sqrt[3]{9}$, $\sqrt{10}$, $\sqrt[4]{12}$ et $\sqrt[6]{12}$

815. Comment faire la multiplication, la division des quantités radicales de différents degrés ?

816. Evaluer $\sqrt{a} \times \sqrt[3]{b} \ldots \sqrt[3]{ab} \times \sqrt[4]{c} \times \sqrt{d}$.

817. Evaluer $\sqrt{2} \times \sqrt[3]{2} \ldots \sqrt{10} \times \sqrt[4]{10} \times \sqrt[8]{10}$.

818. Evaluer $\sqrt[4]{6} \times \sqrt[3]{6} \times \sqrt{6} \ldots \sqrt{a^2+b^2} \times \sqrt{a^2-b^2}$.

819. Evaluer $\sqrt{2} : \sqrt[3]{2} \ldots \sqrt[3]{a} : \sqrt{a}$.

820. Evaluer $(\sqrt{10} \times \sqrt[4]{10}) : \sqrt[8]{10}$.

821. Evaluer $\sqrt{10} : (\sqrt[4]{10} \times \sqrt[8]{10})$.

822. Evaluer $(\sqrt{10} \times \sqrt[3]{10}) : (\sqrt[4]{10} \times \sqrt[8]{10})$.

823. Comment extraire le racine m d'une quantité radicale ? — Combien de procédés ?

824. Extraire la racine carrée de $\sqrt{a} \ldots$ de $\sqrt[3]{b}$.

825. Extraire la racine carrée de $\sqrt[3]{9} \ldots$ de $\sqrt[4]{a^2 b^4}$.

826. Extraire la racine cubique de $\sqrt{4} \ldots$ de $\sqrt{8}$.

827. Extraire la racine cubique de $\sqrt{8\,a^3} \ldots$ de $\sqrt[4]{27\,a^6 b^3}$.

828. Extraire la racine 4e de $\sqrt{100} \ldots$ de $\sqrt[3]{10\,000}$.

829. Extraire la racine 4e de $\sqrt[5]{16\,a^4 b^8} \ldots$ de $\sqrt{81\,x^{12} y^4}$.

XXIIe LEÇON.

—

EXPOSANTS FRACTIONNAIRES.

830. D'où viennent les *exposants fractionnaires ?*

Si, pour extraire la racine m d'une quantité, on divise toujours l'exposant de cette quantité par l'indice de la racine,

831. Que donne $\sqrt{a} ? \ldots \sqrt[3]{a^2} ? \ldots \sqrt{a^3} ? \ldots \sqrt{a^5} ? \ldots \sqrt[m]{a^n} ?$

832. Que donne $\sqrt{10}$?.. $\sqrt[3]{10}$?.. $\sqrt[12]{1,05}$?.. $\sqrt[3]{10^2}$?.. $\sqrt[4]{1,04}$?

833. Que donne $\sqrt[4]{10}$?.. $\sqrt[8]{10}$?.. $\sqrt[16]{10}$?.. $\sqrt[32]{10^{11}}$?... $\sqrt[m]{10}$?

834. Que signifie $a^{\frac{2}{3}}$?.. $a^{\frac{1}{2}}$?.. $a^{\frac{3}{2}}$?.. $a^{\frac{3}{4}}$?.. $a^{0,12}$?

835. Que signifie $a^{\frac{m}{n}}$?... $a^{\frac{n}{m}}$?... $a^{\frac{1}{m}}$?... $a^{\frac{1}{n}}$?... $10^{\frac{1}{2}}$?

836. En général, que faire pour trouver la valeur d'une quantité affectée d'un exposant fractionnaire *positif?*

837. Que signifie $a^{-\frac{1}{2}}$?... $a^{-\frac{1}{3}}$?... $a^{-\frac{3}{4}}$?... $a^{-0,12}$?

838. Que signifie $a^{-\frac{1}{m}}$?... $a^{-\frac{1}{n}}$?... $a^{-\frac{m}{n}}$?.. $10^{-0,301}$?

839. En général, que faire pour trouver la valeur d'une quantité affectée d'un exposant fractionnaire *négatif?*

840. 841. 842. 843. Quelles sont les règles des exposants fractionnaires dans la multiplication? — dans la division? — dans l'élévation aux puissances? — dans l'extraction des racines?

844. 845. 846. 847. Justifier les règles des exposants fractionnaires, en démontrant que $a^{\frac{2}{3}} \times a^{\frac{3}{4}} = a^{\frac{2}{3}+\frac{3}{4}}$;

— que $a^{\frac{m}{n}} : a^{\frac{x}{z}} = a^{\frac{m}{n}-\frac{x}{z}}$; — que $\left(a^{0,4}\right)^{10} = a^4$;

— que $\sqrt{a^{\frac{2}{3}}} = a^{\frac{1}{3}}$.

848. Evaluer $a^{\frac{1}{2}} \times a^{\frac{1}{3}}$... $a^{\frac{1}{n}} \times a^{\frac{1}{m}}$... $10^{\frac{1}{2}} \times 10^{\frac{1}{4}}$.

849. Evaluer $a^{-\frac{1}{2}} \times a^{\frac{1}{2}}$... $a^{-\frac{2}{3}} \times a^{\frac{3}{4}}$... $10^{\frac{1}{2}} \times 10^{-\frac{1}{4}} \times 10^2$

850. Evaluer $a^{\frac{1}{2}} : a^{\frac{1}{3}}$... $a^{\frac{1}{n}} : a^{\frac{1}{m}}$... $10^{\frac{1}{4}} : 10^{\frac{1}{2}}$.

851. Evaluer $a^{-\frac{1}{2}} : a^{-\frac{2}{3}}$... $a^{\frac{1}{2}} : a^{-\frac{1}{2}}$... $10 : 10^{-\frac{1}{2}}$.

852. Evaluer $\left(a^{\frac{1}{2}}\right)^{3}\cdots\left(a^{\frac{2}{3}}\right)^{2}\cdots\left(a^{\frac{3}{4}}\right)^{4}\cdots\left(a^{\frac{m}{n}}\right)^{p}$.

853. Evaluer $\left(a^{\frac{2}{3}}\right)^{\frac{1}{2}}\cdots\left(a^{\frac{3}{4}}\right)^{\frac{2}{3}}\cdots\left(a^{-\frac{1}{3}}\right)^{3}\cdots\left(a^{-\frac{3}{4}}\right)^{-4}$.

854. Eval. $\sqrt{a^{\frac{1}{2}}}\cdots\sqrt[3]{a^{\frac{3}{2}}}\cdots\sqrt[4]{a^{-\frac{2}{3}}}\cdots\sqrt{a^{-\frac{m}{n}}}$.

855. Interpréter et éval. $\sqrt{a^{p}}^{\frac{m}{n}}\cdots\sqrt{a^{n}}^{-m}\cdots\sqrt{a^{p}}^{-\frac{m}{n}}$.

856. Interpréter et éval. $\sqrt{a^{-n}}^{-m}\cdots\sqrt{a^{\frac{x}{y}}}^{-\frac{m}{n}}\cdots\sqrt{a^{-\frac{x}{y}}}^{\frac{m'}{n}}$

XXIIIe LEÇON.

—

QUANTITÉS IMAGINAIRES DU SECOND DEGRÉ.

857. Que vaut $\left(\sqrt{-a}\right)^{2}?\ldots\left(\sqrt{-b}\right)^{2}?\ldots\left(\sqrt{-1}\right)^{2}?$

858. Que vaut $\sqrt{-a}\times\sqrt{-b}?\ldots\sqrt{-b}\times\sqrt{-c}?$

859. Que vaut $\left(\sqrt{-1}\right)^{1}?\ldots\left(\sqrt{-1}\right)^{2}?\ldots\sqrt{-1}\right)^{3}?\ldots$
$\left(\sqrt{-1}\right)^{4}?$

860. En général, que vaut $\left(\sqrt{-1}\right)^{4m}$, m étant un nombre
entier?

861. Evaluer $(\sqrt{-1})^{4m+1}\ldots (\sqrt{-1})^{4m+2}\ldots$
$(\sqrt{-1})^{4m+3}\ldots (\sqrt{-1})^{4m+4}.$

862. Evaluer $(\sqrt{-1})^{5}\ldots (\sqrt{-1})^{6}\ldots (\sqrt{-1})^{7}\ldots$
$(\sqrt{-1})^{8}.$

863. Evaluer $(\sqrt{-1})^{9}\ldots (\sqrt{-1})^{10}\ldots (\sqrt{-1})^{11}\ldots$
$(\sqrt{-1})^{12}.$

864. Evaluer $(\sqrt{-1})^{20}\ldots(\sqrt{-1})^{31}\ldots(\sqrt{-1})^{45}\ldots$
$(\sqrt{-1})^{66}.$

865. Evaluer $(\sqrt{-1})^{123}\ldots(\sqrt{-1})^{234}\ldots(\sqrt{-1})^{999}\ldots$
$(\sqrt{-1})^{10000}.$

XXIVᵉ LEÇON.

—

RACINE m A UN DEGRÉ DONNÉ D'APPROXIMATION.

866. Comment multiplier la racine m d'un nombre A par un nombre quelconque p ? — Pourquoi ?

867. Multiplier $\sqrt{a}$ par b ;... $\sqrt[3]{b}$ par c ;... $\sqrt[4]{c}$ par d.

868. Multip. $\sqrt{2}$ par 2 ;.. $\sqrt[3]{7}$ par 10 ;.. $\sqrt[4]{0{,}59}$ par 100.

869. Quand est-ce que la racine d'un nombre est dite à moins d'un demi, d'un tiers, d'un quart,... d'un 10ᵉ, d'un 100ᵉ,.. et, en général, à moins d'un $p$ième près ?

870. Comment calculer la racine m d'un nombre à moins d'un $p$ième près ? — Démontrer.

Extraire la racine carrée

871. De 24, à moins d'un quart près.
872. De 123, à moins d'un 5ᵉ près.
873. De $23\frac{1}{2}$, à moins d'un 8ᵉ près.
874. De $75\frac{8}{9}$, à moins d'un 9ᵉ près.
875. De $\frac{8}{9}$ et de $\frac{2}{5}$, à moins d'un 99ᵉ près.
876. De $\frac{5}{12}$ et de 1,234, à moins d'un 120ᵉ près.
877. De 0,098 765, à moins d'un 500ᵉ près.

Extraire la racine cubique

878. De 24 et de 123, à moins d'un quart près.
879. De $23\frac{1}{2}$ et de $75\frac{8}{9}$, à moins d'un 9ᵉ près.
880. De $\frac{8}{9}$ et de $\frac{2}{5}$, à moins d'un 120ᵉ près.
881. De $\frac{5}{12}$ et de 1,234, à moins d'un 50ᵉ près.
882. De 0,0012 345, à moins d'un 5000ᵉ près.

Extraire la racine 4ᵉ

883. De 12, à moins d'un 7ᵉ près?
884. De 234 et de $9\frac{2}{3}$, à moins d'un 20ᵉ près.
885. De $29\frac{3}{4}$ et de 0,098 765, à moins d'un 40ᵉ près.

Extraire la racine 6ᵉ

886. De 36, à moins d'un 6ᵉ près.
887. De 234 et de $9\frac{2}{3}$, à moins d'un 20ᵉ près.
888. De $37\frac{3}{4}$ et de 24,5675, à moins d'un 40ᵉ près.

889. Quand le degré d'approximation est décimal, à quoi
     revient l'opération? — Démontrer.

Extraire la racine carrée

890. De 42 et de 168, à moins d'un 10ᵉ près.
891. De $456\frac{3}{4}$ et de 114,1875, à moins d'un 100ᵉ près.
892. De 4862 et de 36,78, à moins d'un 1000ᵉ près.
893. De $\frac{3}{4}$ et de $\frac{2}{5}$, à moins d'un 10000ᵉ près.
894. De $\frac{5}{7}$ et de 0,04 567, à moins d'un 100ᵉ près.

Extraire la racine cubique

895. De 25 et de 200, à moins d'un 100ᵉ près.
896. De $9\frac{11}{16}$ et de $77\frac{1}{2}$, à moins d'un 1000ᵉ près.
897. De $\frac{5}{6}$ et de $6\frac{2}{3}$, à moins d'un 10000 près.
898. De $3\frac{1}{7}$ et de $\frac{113}{355}$, à moins d'un 1000ᵉ près.
899. De 9,988 et de 1,2485, à moins d'un 100ᵉ près.

Extraire

900. La racine 4ᵉ de 20, à moins d'un 1000ᵉ près.
901. La racine 6ᵉ de 753,34, à moins d'un 100ᵉ près.
902. La racine 8ᵉ de $999\frac{7}{8}$, à moins d'un 100ᵉ près.
903. La racine 12ᵉ de 0,123456789, à m. d'un 1000ᵉ près.

XXVᵉ LEÇON.

—

AUTRE PROCÉDÉ POUR LA RACINE m APPROCHÉE.

904. Comment extraire la racine m d'une fraction dont les termes sont des puissances parfaites du degré m ?
905. Comment opérer, si le dénominateur seul est une puissance parfaite du degré m ?
906. Si le dénominateur n'est pas une puissance parfaite du degré m, comment peut-on lui donner cette condition ?
907. Comment opérer, s'il y a des entiers joints aux fractions ?

Extraire

908. La racine carrée de $\frac{4}{25}$, de $\frac{9}{16}$, de $\frac{1}{4}$, de 0,81.

909. La racine carrée de $\frac{25}{36}$, de $\frac{16}{49}$, de $\frac{49}{144}$, de 1,44.

910. La racine cubique de $\frac{8}{27}$, de $\frac{64}{125}$, de $\frac{1}{343}$, de 0,001.

911. La racine cubique de $\frac{512}{729}$, de $\frac{216}{343}$, de 1,728.

912. La racine carrée de $\frac{3}{4}$, à moins d'un 100e près.

913. La racine carrée de $\frac{8}{9}$ et de $\frac{13}{16}$, à moins d'un 1000e.

914. La racine carrée de $\frac{24}{25}$ et de $\frac{31}{81}$, à moins d'un 100e.

915. La racine cubique de $\frac{3}{8}$ et de $\frac{17}{64}$, à moins d'un 1000e.

916. La racine cubique de $\frac{92}{125}$ et de $\frac{16}{27}$, à moins d'un 100e.

917. La racine cubique de $\frac{37}{216}$ et de $\frac{333}{512}$, à moins d'un 1000e.

918. La racine carrée de $\frac{2}{3}$ et de $\frac{1}{2}$, à moins d'un 100e.

919. La racine carrée de $13\frac{4}{5}$, à moins d'un 1000e.

920. La racine carrée de $7\frac{5}{13}$, à moins d'un 100e.

921. La racine cubique de $\frac{1}{2}$ et de $\frac{1}{3}$, à moins d'un 100e.

922. La racine cubique de $33\frac{1}{3}$, à moins d'un 1000e.

923. La racine cubique de $444\frac{4}{5}$, à moins d'un 100e.

924. La racine 4e de $\frac{1}{2}$ et de $3\frac{1}{3}$, à moins d'un 100e.

925. La racine 6e de $\frac{2}{5}$ et de $7\frac{1}{2}$, à moins d'un 1000e.

926. La racine 8e de $\frac{1}{4}$ et de $27\frac{1}{3}$, à moins d'un 100e.

927. La racine 12e de $\frac{1}{2}$ et de $123\frac{1}{2}$, à moins d'un 1000e.

928. Enseignez-nous un moyen beaucoup plus commode pour calculer les racines de tous les degrés.

XXVI° LEÇON.

—

LOGARITHMES.

929. Qu'appelle-t-on *logarithme* d'un nombre?

930. Qu'appelle-t-on *système* de logarithmes? — *base* d'un système de logarithmes?

La base du système étant 2, quels sont les logarithmes

931. Des nombres 1, 2, 4, 8, 16, 32, 64, 128, 256...?

932. Des nombres $\sqrt{2}$, $\sqrt[3]{4}$, $\sqrt[5]{8}$, $\sqrt{32}$, $\sqrt[7]{64}$, $\sqrt[3]{128}$, $\sqrt[5]{256}$?

933. Des nombres $\frac{1}{2}$, $\frac{1}{4}$, $\frac{1}{8}$, $\frac{1}{16}$, $\frac{1}{32}$, $\frac{1}{64}$, $\frac{1}{128}$, $\frac{1}{256}$?

La base du système étant 3, quels sont les logarithmes

934. Des nombres 1, 3, 9, 27, 81, 243, 729, 2187?

935. Des nombres $\sqrt{3}$, $\sqrt[3]{9}$, $\sqrt{27}$, $\sqrt[3]{81}$, $\sqrt[4]{243}$, $\sqrt[6]{2187}$?

936. Des nombres $\frac{1}{3}$, $\frac{1}{9}$, $\frac{1}{27}$, $\frac{1}{81}$, $\frac{1}{243}$, $\frac{1}{729}$, $\frac{1}{2187}$?

Soit 5 la base d'un système : trouver les logarithmes

937. Des nombres 1, 5, 25, 125, 625, 3125, 15625.

938. Des nombres $\sqrt{5}$, $\sqrt[3]{25}$, $\sqrt[4]{125}$, $\sqrt{625}$, $\sqrt[3]{15625}$.

939. Des nombres $\frac{1}{5}$, $\frac{1}{25}$, $\frac{1}{125}$, $\frac{1}{625}$, $\frac{1}{3125}$, $\frac{1}{15625}$?

940. Une expression fractionnaire quelconque (plus grande ou plus petite que l'unité) peut-elle être la base d'un système de logarithmes?

Soit $\frac{1}{2}$ la base d'un système : trouver les logarithmes

941. Des nombres 1, 2, 4, 8, 16, 32, 64, 128, 256, 512.

942. Des nombres $\sqrt{2}$, $\sqrt[3]{4}$, $\sqrt{8}$, $\sqrt[5]{16}$, $\sqrt{32}$, $\sqrt[4]{64}$, $\sqrt[7]{512}$.

943. Des nombres $\frac{1}{2}$, $\frac{1}{4}$, $\frac{1}{8}$, $\frac{1}{16}$, $\frac{1}{32}$, $\frac{1}{64}$, $\frac{1}{128}$, $\frac{1}{256}$, $\frac{1}{512}$.

944. L'unité peut-elle être la base d'un système de logarithmes? — Pourquoi?

Dans le système dont la base est 10, quels sont les logarithmes

945. Des nombres 1, 10, 100, 1000, 10 000, 100 000, 1 000 000?

946. Des nombres $\sqrt{10}$, $\sqrt[3]{100}$, $\sqrt{1000}$, $\sqrt[3]{10\,000}$, $\sqrt[5]{1\,000\,000}$?

947. Des nombres 0,1... 0,01... 0,001... 0,0001... 0,00001?

948. Quel est le système de logarithmes dont on fait ordinairement usage? — Dans ce système, quel est le logarithme de l'*unité suivie de zéros*?

949. Qu'est-ce que la *caractéristique* d'un logarithme?

950. Quelle est la caractéristique de chacun des logarithmes suivants : 2,34567.. 3,45 678... 1,23 456.. 0,67 890.. 0,00 523... 4,00 404?

951. En général, combien la caractéristique du logarithme d'un nombre contient-elle d'unités? — Démontrer cette proposition en nommant n la quantité de chiffres du nombre.

952. Combien y a-t-il de chiffres dans la partie entière du nombre correspondant à un logarithme donné? — Démontrer en nommant n la caractéristique du logarithme.

953. Combien y a-t-il de chiffres dans la partie entière des
nombres correspondants aux logarithmes suivants :
3,45 678... 2,98 765... 0,04 608... 5,13 579 ?

954. Quelles sont les caractéristiques des logarithmes des
nombres : 12345... 824... 36... 8,296... 5... 8 697...
86,97... 7,49 ?

955. A quoi servent les logarithmes ?

956. Comment faire la multiplication par logarithmes ? —
Justifier cette règle en démontrant que $log. \ x + log. \ y = log. \ xy$.

957. Evaluer par log. : $12 \times 13... 24 \times 9 \times 8... 33 \times 34$

958. Evaluer par log. : $99 \times 9 \times 2 \times 3... 2 \times 3 \times 4 \times 5 \times 6 \times 7$.

959. Comment faire la division par logarithmes ? — Justifier
cette règle en démontrant que $log. \ x - log. \ y = log. \dfrac{x}{y}$.

960. Evaluer par log. : $\dfrac{1024}{32}... \dfrac{100\ 000}{16}.... \dfrac{8436}{4}$.

961. Evaluer par log. : $\dfrac{9999}{11}... \dfrac{36 \cdot 47}{94}... \dfrac{20 \cdot 108 \cdot 864}{12 \cdot 432}$.

962. Comment former la puissance m d'un nombre par logarithmes ? — Justifier cette règle en démontrant
que m fois $log. \ x = log. \ x^{m}$.

963. Evaluer par log. : $2^{10}... 3^{7}... 12^{3} .. 5^{4}... 33^{2}... 99^{2}$

964. Evaluer par log. : $4^{5}... 6^{4}... 7^{4}... 87^{2}... 79^{2}$.

965. Comment extraire la racine m d'un nombre par logarithmes. — Justifier cette règle en démontrant que
$$\frac{log. \ x}{m} = log. \ \sqrt[m]{x}.$$

966. Evàl. par log. $\sqrt{1024}... \sqrt[3]{1728}... \sqrt[5]{243}... \sqrt[12]{4096}$.

967. Evàl. par log. $\sqrt[7]{2187}... \sqrt[13]{8192}... \sqrt[11]{2048}. \sqrt[3]{9261}$.

968. A quelle puissance faut-il élever 2 pour trouver 512 ?

969. A quelle puissance faut-il élever 3 pour trouver 6561 ?

970. A quelle puissance faut-il élever un nombre donné n,
pour trouver un résultat donné R ?

971. Quelle racine faut-il extraire de 1089 pour trouver 33 ?

972. Quelle racine le nombre 2 est-il de 4096 ?

973. Quelle racine le nombre R est-il de n ?

974. Combien y a-t-il de chiffres dans le produit $1\,234 \times 2\,345 \times 3\,456$?... dans le produit $12 \times 49 \times 6\,507 \times 9\,999 \times 4532 \times 793 \times 7\,788 \times 99$?

975. Combien y a-t-il de chiffres dans 2^{10}... 3^{20}... 4^{40}... 99^{100}?

976. A quelle puissance faut-il élever 2 pour trouver un nombre de 10 chiffres? — pour trouver un nombre de 50 chiffres?

977. A quelle puissance faut-il élever 3 pour trouver un nombre de 20 chiffres? — pour trouver un nombre de 100, de 1000 chiffres?

XXVIIe LEÇON.

—

LOGARITHMES DES NOMBRES QUI NE SONT PAS DANS LES TABLES.

978. Les tables peuvent-elles donner immédiatement les logarithmes de tous les nombres? — Quelles sortes de nombres les tables ne contiennent-elles pas?

979. Comment trouver les logarithmes d'un nombre entier qui passe les limites des tables? — Justifier la règle en cherchant le logarithme de $1\,234\,567$.

980. Trouver le log. de $12\,345$... de $23\,456$... de $34\,567$.

981. Trouver le log. de $45\,678$... de $56\,789$... de $678\,912$.

982. Trouver le log. de $678\,900$... de $78\,904$... de $996\,722$.

983. Trouver le log. de $333\,444$... de $444\,000$... de $223\,344$.

984. Trouver le log. de $48\,000$... de $67\,834\,792$... de $738\,600$.

985. Trouver le log. de $98\,991$... de $98\,992$... de $98\,993$, puis, faire remarquer les différences entre les loga-

rithmes de ces trois nombres, lorsque ces logarithmes n'ont que 5 décimales.

986. Comment trouver le logarithme d'un nombre fractionnaire, 1° s'il s'agit d'un nombre entier joint à une fraction décimale? — 2° s'il s'agit d'un nombre entier joint à une fraction ordinaire (à deux termes)? — Justifier ces règles en cherchant les logarithmes de 95,49 et celui de $34\frac{8}{9}$.

Trouver le logarithme

987. De 8,12, de 81,24... de 734,9... de 9 748,77.

988. De 7,645... de 64,57... de 546,75... de 899,7 754

289. De 1,004... de 24,34... de 345,67... de 76,5 432.

990. De 4,5 689... de 45,689... de 456,89... de 4 568,9... et faire remarquer les différences entre les logarithmes de ces quatre nombres.

Trouver le logarithme

991. De $8\frac{1}{2}$... de $12\frac{3}{4}$... de $49\frac{5}{7}$ .. de $57\frac{8}{9}$... de $4\frac{234}{625}$.

992. De $72\frac{2}{3}$... de $365\frac{11}{17}$... de $8\,792\frac{4}{5}$... de $34\,987\frac{5}{7}$.

993. De $666\frac{2}{3}$... de $77\frac{4}{9}$... de $9\,036\frac{7}{12}$... de $467\,009\frac{7}{15}$.

994. De $609\frac{15}{28}$... de $1\frac{1}{99}$... de $2\frac{43}{999}$... de $4\,321\frac{8}{11}$.

995. Comment trouver les logarithmes d'une fraction décimale? — d'une fraction ordinaire? — Justifier ces règles en calculant le logarithme de 0,123 et celui de $\frac{4}{9}$.

Trouver les logarithmes des fractions

996... 0,234... 0,4567... 0,8642... 0,049... 0,00 369.

997... 0,12 345... 0,23 456... 0,0 023 456... 0,00 012 345.

998... 0,203... 0,4 506... 0,09 214... 0,100 567.

999... 0,873... 0,0 873... 0,00 873... 0,000 873... et faire remarquer les différences entre les logarithmes de ces quatre fractions.

Trouver les logarithmes des fractions

1000... $\frac{1}{2}$, $\frac{1}{3}$, $\frac{3}{4}$, $\frac{2}{5}$, $\frac{5}{6}$, $\frac{2}{7}$, $\frac{5}{8}$, $\frac{7}{9}$.

1001... $\frac{4}{15}$, $\frac{7}{12}$, $\frac{9}{16}$, $\frac{32}{95}$, $\frac{888}{889}$, $\frac{1234}{1235}$.

1002... $\frac{13}{20}$, $\frac{37}{40}$, $\frac{421}{843}$, $\frac{9\,999}{23\,456}$, $\frac{3}{17}$, $\frac{19}{72}$.

1003. Les logarithmes des fractions (log. négatifs) ne peuvent-ils pas s'écrire sous une autre forme ?

> *Rép.* : Oui. On peut augmenter le logarithme du numérateur d'autant d'unités qu'il est nécessaire , pour que celui du dénominateur en puisse être retranché ; ensuite, ayant effectué la soustraction, donner au reste pour caractéristique le nombre d'unités dont on a augmenté le logarithme du numérateur ; enfin, placer le signe — au-dessus de cette caractéristique. On a ainsi des logarithmes, partie positifs, partie négatifs, et que nous appellerons *logarithmes mixtes* : l'usage en est souvent plus commode que celui des logarithmes purement négatifs. (*Voir* Arith. in-8°, Nos 835, 836, 843.)

Trouver les logarithmes *mixtes* des fractions

1004... $\frac{3}{5}$, $\frac{6}{13}$... $\frac{3}{16}$... $\frac{5}{8}$... $\frac{49}{60}$... $\frac{123}{124}$... $\frac{333}{334}$.

1005... $\frac{7}{9}$... $\frac{12}{19}$... $\frac{29}{37}$... $\frac{1}{2}$... $\frac{1}{20}$... $\frac{1}{200}$... $\frac{1}{2000}$.

1006... 0,5... 0,45... 0,0 567... 0,00 678... 0,1 020 304.

1007... 0,9 822... 0,7 123... 0,090 432... 0,0 070 965.

1008. Faire remarquer les différences entre les logarithmes des nombres 57,91... 5,791... 0,5 791... 0,05 791..., les logarithmes de ces derniers étant *mixtes*.

XXVIIIᵉ LEÇON.

—

NOMBRES CORRESPONDANTS AUX LOGARITHMES QUI NE SONT PAS DANS LES TABLES.

1009. Quelles sortes de logarithmes les tables ne contiennent-elles pas?

1010. Comment trouver le nombre correspondant à un logarithme qui tombe entre deux logarithmes des tables?

Trouver les nombres correspondants aux logarithmes (*)

1011. 3,45678... 3,01023... 3,56789... 3,89123 .. 3,90901.
1012. 3,98304... 3,45006... 3,70502... 3,10089... 3,70666.
1013. 3,33444... 3,00444... 3,11122... 3,77788... 3,44044.
1014. 0,12456... 1,51367... 2,77665... 1,33333... 2,22222.
1015. 0,12345... 1,23456... 2,34567... 2,66666... 1,88888.
1016. 2,90004... 1,67676... 1,24245... 0,30303... 0,05983.

1017. Comment trouver les nombres correspondants aux logarithmes qui passent la limite des tables?

Trouver les nombres correspondants aux logarithmes

1018. 4,87535... 5,83803... 6,81151... 7,73207... 8,51001.
1019. 4,33082... 5,33402... 9,00860... 4,44444... 4,56456.
1020. 5,01468... 5,00072... 6,93245... 6,86000... 5,79310.
1021. 8,06420... 4,03210... 4,46622... 5,43434... 4,39655.

(1) Inutile de calculer dans les nombres plus de chiffres qu'il n'y a de décimales dans les logarithmes de la table dont on fait usage. (*Voir* Arith. *in-8°*, n° 822.)

1022. Comment trouver la fraction décimale correspondante
à un logarithme négatif?

Trouver les fractions décimales correspondantes aux log.

1023. —0,12345... —0,24680... —1,23756... —2,33445.
1024. —3,67982... —4,99666... —0,00434... —1,24862.
1025. —0,98765... —0,87654... —0,54321... —1,12121.
1026. —2,83245... —1,66655... —0,99223... —0,00992.

1027. Comment trouver la fraction décimale correspondante à un logarithme *mixte?*

Rép. Il suffit de chercher le nombre correspondant
à la partie décimale; ensuite, dans le nombre
trouvé, de transporter la virgule sur la gauche
d'autant de places que la caractéristique négative
contient d'unités. (*Voir* Arith. *in-8°*, n° 843.) —
Ainsi, pour trouver la fraction décimale dont le
logarithme est $\bar{1}$,23456, je cherche le nombre correspondant à 0,23456, et j'ai 1,7162 : donc, quantité demandée = 0,17162.

Trouver les fractions décimales correspondantes aux log.

1028. $\bar{1}$,12345... $\bar{2}$,34005... $\bar{1}$,24680... $\bar{1}$,00333... $\bar{2}$,33444.
1029. $\bar{1}$,67982... $\bar{1}$,98122... $\bar{2}$,00625... $\bar{2}$,55422... $\bar{1}$,18470.
1030. $\bar{3}$,33333... $\bar{1}$,22111... $\bar{1}$,77888... $\bar{2}$,27711... $\bar{1}$,66722.
1031. $\bar{1}$,08345... $\bar{1}$,99047... $\bar{2}$,19472... $\bar{3}$,56978... $\bar{1}$,16680.

XXIXᵉ LEÇON.

—

COMPLÉMENTS ARITHMÉTIQUES.

1032. Qu'est-ce que le *complément arithmétique* d'un nombre? — Comment l'obtient-on?

1033. A quoi servent les compléments arithmétiques?

1034. Comment fait-on la soustraction en employant les compléments arithmétiques? — Justifier cette règle dans la soustraction A — B.

1035. Doit-on faire usage des compléments arithmétiques dans toute soustraction? — Dans quel cas est-il mieux de ne les pas employer?

Calculer les valeurs de A, B, C,... en employant les logarithmes et les compléments arithmétiques.

1036. $A = \frac{454}{829} \times \frac{732}{123} \times \frac{9999}{3660}$; $B = 72{,}33 \times \frac{87}{233} \times \frac{456}{775} \times 0{,}32$.

1037. $C = 7724 \times \frac{921}{37} \times \frac{1}{8877}$; $D = \left(\frac{21}{47} \times 72 \times \frac{53}{929} \times \frac{36}{7}\right)^3$.

1038. $A = \dfrac{45 \times (1{,}345)^4}{(1{,}05)^3}$; $B = \dfrac{800 \times (0{,}845)^3}{\sqrt{245}}$.

1039. $C = 8000 \times (1{,}005)^{\frac{11}{12}}$; $D = \dfrac{2000 \times (1{,}06)^{\frac{13}{12}}}{(1{,}07)^{\frac{29}{11}}}$.

1040. $A = 45{,}23 \times (2{,}444)^{\frac{1}{2}} \times \frac{3}{7}\frac{245}{422} \times \sqrt[7]{89{,}28} \times \sqrt[13]{8{,}997}$,

EXEMPLES DES CALCULS LOGARITHMIQUES.

Trouver les valeurs des résultats indiqués suivants, au moyen des logarithmes, et, aux cas convenables, des compléments arithmétiques.

1041. $12 \times 13\ldots\ 24 \times 9 \times 11\ldots\ 7{,}77 \times 8{,}496 \times 0{,}09\,964$.

1042. $\frac{4\,096}{64}\ldots\ \frac{1\,000\,000}{128}\ldots\ \frac{1\,234\,567}{345}\ldots\ \frac{987\,654\,321}{765\,432}$.

1043. $829 \times 1{,}32 \times 8{,}375\ldots\ 24{,}56 \times 0{,}725 \times 0{,}0\,956$.

1044. $8{,}96 : 29{,}3\ldots\ 72 : 0{,}1\,234\ldots\ 0{,}75 : 8{,}192$.

1045. $(1{,}05)^{10}\ldots\ (1{,}005)^{100}\ldots\ (1{,}0008)^{1000}$.

1046. $\sqrt[5]{4\,832}\ldots\ \sqrt[7]{99{,}24}\ldots\ \sqrt[11]{42{,}17}\ldots\ \sqrt[13]{8{,}978}$.

1047. $\sqrt[20]{7{,}45}\ldots\ \sqrt[50]{6{,}425}\ldots\ \sqrt[100]{477{,}34}\ldots\ \sqrt[1000]{99\,999}$.

1048. $\sqrt[12]{129{,}3}\ldots\ \sqrt[5]{0{,}23456}\ldots\ \sqrt[100]{0{,}0\,129}\ldots\ \sqrt[200]{0{,}004\,567}$

1049. $\frac{227}{829} \times \frac{183}{123} \times \frac{9\,999}{366}\ldots\ 24{,}11 \times \frac{261}{233} \times \frac{114}{310} \times 0{,}512$.

1050. $\frac{20 \cdot 108 \cdot 864 \cdot 512}{12 \cdot 4 \cdot 432 \cdot 64}\ldots\ 3872 \times \frac{921}{74} \times \frac{1}{807}$.

1051. $2\,574\tfrac{1}{3} \times 307 \times \frac{81}{26\,631} \times \frac{1}{111}\ldots\ \frac{40 \cdot 216 \cdot 1\,728 \cdot 256}{64 \cdot 8 \cdot 24 \cdot 30}$.

1052. $365{,}24 \times \frac{713}{897}\ldots\ \frac{1}{4} \times \frac{8}{9} \times \frac{68}{19} \times 604{,}9$.

1053. $8{,}906^2 \times \left(\frac{24}{29}\right)^2\ldots\ \sqrt{8} \times \sqrt{7} \times \sqrt{56} \times \sqrt{3} \times \sqrt{12}$.

1054. $88{,}444 \times \frac{123}{723}\ldots\ \frac{20}{21} \times \frac{33}{41} \times \frac{64}{7} \times 0{,}0\,496$.

1055. $24{,}32^2 \times \left(\frac{12}{7}\right)^3\ldots\ \sqrt{2} \times \sqrt[3]{3} \times \sqrt{5} \times \sqrt[5]{6}$.

1056. $0{,}12\,345 \times 9{,}8\,765 \times \frac{37}{829} \times \frac{411}{709} \times \frac{8}{765} \times 0{,}98\,765$.

1057. $28{,}345^2 \times \left(\frac{14}{19}\right)^3 \times 0{,}6\,789^3 \times \sqrt{789} \times \sqrt[3]{85{,}392}$.

1058. $0{,}789 \times 3{,}059 \times 16^{\frac{3}{4}}\ldots\ 64^{\frac{3}{5}} \times \frac{113}{325} \times \sqrt[5]{0{,}08\,267}$.

1059. $\frac{9\,876}{12\,345} \times 4{,}346^2 \times \frac{4}{7}\ldots\ \sqrt{10} \times \sqrt[3]{12} \times \sqrt[4]{842\,393}$.

1060. $8\,432{,}50 \times 1{,}05^6\ldots\ 24{,}365^2 \times \sqrt[5]{0{,}0\,000\,000\,067}$.

1061. $0{,}567^{\frac{2}{3}} \times \sqrt[3]{9{,}364}\ldots\ 148{,}37^{\frac{11}{12}} \times \sqrt[7]{0{,}324\,178}$.

1062. $\dfrac{\sqrt{949}}{8,007}\cdots\dfrac{\sqrt[3]{5,7}}{7,29}\cdots\dfrac{348,48}{\sqrt{77,66}}\cdots\dfrac{245,72}{\sqrt[3]{8934}}.$

1063. $\dfrac{2.3^2.\sqrt{5}}{8.\sqrt{20}}\cdots\dfrac{\sqrt[12]{8,964}\times\sqrt[11]{7,766}}{\sqrt[10]{20,47}}\times\left(\dfrac{123}{435}\right)^{\frac{5}{7}}$

1064. $\dfrac{\sqrt[3]{7,44}\times(\sqrt{2,041})^3\times(\sqrt[15]{877,3})^2\times(\sqrt[4]{29})^{\frac{3}{5}}}{6,782\times\sqrt[5]{0,049}\times(\sqrt[19]{7,332})^4\times\sqrt[13]{99,88}.}$

XXXe LEÇON.

—

ÉQUATIONS.

1065. Qu'est-ce qu'une *équation ?* — Qu'appelle-t-on *premier membre, second membre* d'une équation ?

1066. Combien y a-t-il de sortes d'expressions dont les deux membres sont séparés par le signe $=$?
(*Rép.* : Trois : *l'équation, l'égalité, l'identité.*)

1067. Donnez-nous une idée de la différence que l'on met entre l'équation, l'égalité et l'identité.

1068. Donner à chacune des expressions suivantes le nom qui lui convient (c'est une équation, ou une égalité, ou une identité) :

1°... $2a\times 3b = 6ab$;
2°... $2.3.4 = 3.4.2$;
3°... $6.8.9.7 = 6.8.9.7$;
4°... $a+2b+3c-d = a+2b+3c-d$;
5°... $(a+b)^3 = a^3+3a^2b+3ab^2+b^3$;
6°... $2x+9 = 7x-36$;
7°... $24+3y = 4y-13$;
8°... $2x+3y+4z = 5z+12$

1069. Quel est le premier, le second membre dans chacune des équations suivantes :

$$x + y + z = 2x + 3;$$
$$x^2 + 2xy = 32 - z;$$
$$ax + by + cz = m^2 + n^2.$$

1070. Quand est-ce qu'une équation est dite à une seule inconnue ? — Quand est-ce qu'elle est à deux, à trois, à quatre... inconnues ?

1071. Qu'est-ce qu'une équation du premier degré ? — une équation du second, du troisième, du quatrième... degré ?

1072. Comment s'estime le degré de l'équation, lorsqu'elle est à plusieurs inconnues ?

Dire le degré et le nombre des inconnues, des équations suivantes :

1073... $x + 6 = 3x - 8$... $4x + 4 = 50 - 8x$.

1074... $x^2 + 4x = 2x^2 - 4$... $3x^2 - 20 = 7x^2 - 45$.

1075... $7x^3 + 6x^2 = 5x + 100$... $8x^4 + 12 = 3x^3 + 5x^2 + x$.

1076... $3xy + z = x + 29$... $x + y + z = 2z + 30$.

1077... $9x^2y + z^2 = 3yz^2 + x$... $4x^2 + 3y^3 = 10xyz - 22$.

1078. Comment faire disparaître les dénominateurs d'une équation ?

Faire disparaître les dénominateurs dans :

1079... $\frac{2}{3}x + 9 = \frac{5}{7}x + 2$... $\frac{x}{2} - 12 = \frac{x}{3} + 4$.

1080... $\frac{2x}{5} + 7 = \frac{3x}{7} + 4$... $12 + \frac{x}{6} = 2x + 3y$.

1081... $21 - \frac{x}{3} = x + \frac{8}{x}$... $2x + \frac{z}{2} = \frac{z}{x - 1} + 32$.

1082... $x + \frac{x}{y} + z = \frac{xz}{y + 2}$... $x^2 + \frac{yz}{x + 3} = 24 + \frac{y}{x - 3}$.

$$1083\ldots \quad \frac{3\,ab}{5} + \frac{7\,ac}{6} - \frac{2\,cx}{3} = \frac{ab}{2} + \frac{2\,ac}{4} + ad - bx.$$

$$1084\ldots \quad \frac{ax}{m} + \frac{bx}{n} + \frac{abx}{mn} = abx + bx - \frac{x}{m^2 - n^2}.$$

$$1085\ldots \quad ax + \frac{b\,(a - x)}{2a - x} = \frac{x}{a} + \frac{bx}{2a} - \frac{(a + b)\,(b - x)}{2a + x}.$$

$$1086\ldots \quad \frac{x}{y} + \frac{12}{x + y} + \frac{x + y}{5} - 44 = \frac{32}{x} + \frac{16}{y} + \frac{x}{10} + 8.$$

XXXI° LEÇON.

—

TRANSPOSITION DES TERMES D'UNE ÉQUATION.

1087. Peut-on toujours faire passer un terme d'une équation d'un membre dans l'autre ? — Comment ? — Pourquoi ?

Dans les équations suivantes, faire passer dans le premier membre tous les termes affectés des inconnues, et dans le second, tous les termes connus.

$$1088\ldots \quad 4\,x + 2y = 5\,x + 8 \ldots \quad 12 + 4z = 4y + 3\,x.$$
$$1089\ldots \quad 5\,x - 14 = 7\,x + 10 \ldots \quad 4z - 20 = x + 2y - z.$$
$$1090\ldots \quad x + y - 16 = z + 4 \ldots \quad 12 = x + 2y + z.$$
$$1091\ldots \quad 3\,x + 4y = 25 - z \ldots \quad 2x = 3y - 4z + 8.$$

Faire passer dans le premier membre tous les termes des équations suivantes :

1092... $8x + 12 = 6x + 18$... $5y - z = 3x - y + 50$.
1093... $5z - 19 = 4x + 3y$... $7x = 2y + 3z + 2u$.

1094. Démontrer qu'on ne trouble point une équation :

     1° En multipliant ou en divisant tous ses termes par un même nombre ;

     2° En changeant les signes de tous les termes ;

     3° En supprimant ou en introduisant dans les deux membres des quantités parfaitement égales et de même signe.

XXXIIe LEÇON.

—

RENDRE ÉGAUX LES COEFFICIENTS D'UNE MÊME INCONNUE DANS PLUSIEURS ÉQUATIONS.

1095. Comment rendre égaux les coefficients d'une même inconnue, lorsqu'il n'y a que deux équations et que les coefficients de cette inconnue sont premiers entre eux ?

Rendre égaux les coefficients de x

1096. Dans $2x + 4y = 13$... $5x - 2y = 12$.
1097. Dans $9x + 60 = 2y + 16$... $4x - 2y = 32$.
1098. Dans $5x - y = 40$... $8x + 3y = 66$.
1099. Dans $7x + 20y = 400$... $12x - 41 = 100 - 2y$.
1100. Dans $9x + 5y = 50$... $\dfrac{2x}{5} - y = 10$.

1101. Comment opérer, lorsqu'il y a plus de deux équations, et que les coefficients de l'inconnue dont il
s'agit, sont premiers entre eux.

Rendre égaux les coefficients

1102. De y dans $x + 2y + 3z = 20.$
$2x + 3y + 4z = 32.$
$4x + 5y + 7z = 100.$

1103. De z dans $4x + 3y = 8z - 4.$
$2x + 7y = 7z + 8.$
$5x + y = 3z + 2.$

1104. De x dans $x + y + z + u = 10.$
$2x + 5y - 3z - 2u = 7.$
$5x + 2y + z + 3u = 25.$
$7x + 7y + 2z - 6u = 20.$

1105. De y dans $2x + 3y + 4z - 5u = 100.$
$3x + 4y + 5z - 6u = 120$
$4x + 5y + 6z - 7u = 128.$
$5x + 7y + 6z - 8u = 134.$

1106. De z dans $x + y + z = 12.$
$2x + 12y + 8z = 84.$
$5x + 5y + 3z = 40.$

1107. De y dans $8x + 11y + 12z = 1000.$
$9x + \frac{1}{2}y + 3z = 400.$
$3x + \frac{1}{3}y + 4z = 100.$

1108. Comment opérer, lorsque les coefficients qu'on veut
rendre égaux ne sont pas premiers entre eux?

Rendre égaux les coefficients

1109. De z dans $x + z = 8 + y.$
$2x + 4y = 6z.$
$3x - 2y = 8z - 4.$

1110. De z dans
$$5x + 2y + 12z = 48.$$
$$6x + 3y - 6z = 24.$$
$$7x + 5y + z = 30.$$

1111. De x dans
$$x + y + z + u = 20.$$
$$2x + 3y + 4z + u = 50.$$
$$5x + 24y + 36u = 500.$$
$$6x - y + 10z + 4 = 9u.$$

1112. De z dans
$$3y + 6z = 2y + 8.$$
$$5y + 9z = 3z + 20.$$

1113. De x dans
$$8x + 6z = 20 - z.$$
$$6x + 5z = 32 - 3z.$$

1114. De y dans
$$8x + 20y = 100.$$
$$x + 16y = 4y + 20.$$

1115. De z dans
$$x + y + \tfrac{1}{2}z = u + 25.$$
$$2x - 3y + 4u = 8z.$$
$$3x + 5y - 6z = 15.$$
$$7x + 3y - 2z = 12u - 17.$$

XXXIIIe LEÇON.

RÉSOLUTION DES ÉQUATIONS DU PREMIER DEGRÉ, A UNE SEULE INCONNUE.

1116. Qu'est-ce que *résoudre une équation?*

1117. Comment résoudre une équation du premier degré à une seule inconnue? — Démontrer cette règle en résolvant l'équation $ax - b = \tfrac{4}{9}x + d$.

Résoudre les équations suivantes :

118..... $3x + 40 = 100 - x.$

119..... $2x - 20 = x - 7.$

120..... $5x + 10 = 9x - 26.$

121..... $\frac{2}{5}x + 40 = 4x + 4.$

122..... $\frac{3}{4}x + 7 = 3x - 2.$

123..... $6x + 5 = \frac{2}{3}x + 21.$

124..... $8x - 6 = 10x - 7\frac{1}{2}.$

125..... $9x + 4\frac{1}{2} = \frac{5}{7}x + 8\frac{9}{14}.$

126..... $\frac{1}{2}x - \frac{1}{3} = 5\frac{1}{5} - \frac{39}{5}x.$

127..... $42\frac{1}{3} + \frac{3}{4}x = 62x - 6\frac{2}{3}.$

128..... $4x + 13\frac{5}{6} = \frac{123}{7}x + 11\frac{263}{294}.$

129..... $\frac{52075}{448}x + 19\frac{3}{8} = 123\frac{1}{3} - \frac{5}{7}x.$

130..... $\dfrac{x}{2} + \dfrac{x}{3} + \dfrac{3x}{4} = 3x - 21\frac{1}{4}.$

131..... $\dfrac{2x}{3} + \dfrac{3x}{4} - 20 = 10\frac{1}{5} - \dfrac{707x}{780}.$

132..... $\dfrac{x}{2} + \dfrac{x}{3} + \dfrac{x}{4} + \dfrac{x}{5} = \dfrac{x}{6} + \dfrac{x}{7} + 11\frac{24}{35}.$

133..... $100 - \dfrac{5x}{7} - \dfrac{7x}{5} + \dfrac{x}{10} = 8x - \frac{1}{7}.$

134..... $\dfrac{4}{x} + \dfrac{20}{x} + \dfrac{36}{x} - \dfrac{100}{x} = \dfrac{48}{5x} + \dfrac{60}{5x} - 15,4.$

135..... $\dfrac{9}{x} + \dfrac{10}{3x} + \dfrac{8}{9} = \dfrac{27}{x} + \dfrac{35}{2x} - 9\frac{5}{6}.$

136..... $ax - a^2 = nx - an.$

137..... $x + ax - ab = bx - (b-1)b.$

138..... $ax + bx - a^2 + ac = cx + dx + ab - ad.$

139..... $ab + ax + dx + bc = -bx + cx + 2ab + b^2 + bd.$

140..... $x + ax + cx + (b+1)c = bx + 2x + dx + (a + c - d)c.$

141..... $\dfrac{x}{a} + bx - \dfrac{ab+1}{b} = \dfrac{cx}{d} - \dfrac{ac}{bd}.$

142..... $cx - \dfrac{x}{b} + \dfrac{1-bc}{c} = \dfrac{cx}{b} - 1.$

$$1143\ldots\ldots \quad \frac{x}{ab} - ax + cx - \frac{1}{c} = dx + ab\left(1 - \frac{a+d}{c}\right)$$

$$1144\ldots\ldots \quad \frac{x}{a+b} + \frac{x}{a-b} + 2ax + b^4 = a^4 + a^2 + b^2.$$

$$1145\ldots\ldots \quad a^2x + abx + b^3x = \frac{bd}{a-b} + a^3x - b^2x - (a-1)\,d.$$

$$1146\ldots\ldots \quad 2ab - \frac{2abc^2}{d^2} + bx = ax + \frac{bc^2x}{d^2} - \frac{ac^2x}{d^2}.$$

$$1147\ldots\ldots \quad x + \frac{x}{a+b} + (a+b)^3 = (a+b)^2 +$$
$$\frac{x}{(a+b)^2} + x(a+b) + a + b - 1.$$

NOTA. Pour les *problèmes* du premier degré à une seule inconnue, voir la leçon LXIIIe.

XXXIVe LEÇON.

—

ÉLIMINATION.

1148. Qu'est-ce que l'*élimination*?

1149. Qu'est-ce qu'éliminer une quantité de plusieurs équations ?

1150. Lorsqu'on a plusieurs équations renfermant plusieurs inconnues, combien peut-il se présenter de cas?

1151. Qu'appelle-t-on problèmes *déterminés*? — problèmes *indéterminés*? — problèmes *plus que déterminés*?

1152. Combien emploie-t-on de méthodes pour la résolution des équations dont le nombre est égal à celui des inconnues? — Quelles sont-elles?

XXXV° LEÇON.

RÉSOLUTION DES ÉQUATIONS PAR SUBSTITUTION DE VALEURS.

1153. Comment faire pour résoudre, par substitution de valeurs, plusieurs équations dont le nombre est égal à celui des inconnues ?

Résoudre les équations :

1154. ...
$$x + y = 3x.$$
$$4x + 2y = 3y + 2.$$

1155. ...
$$4x - 3y = 20y - 6.$$
$$x + 10y = 7x - 20y.$$

1156. ...
$$x + y = z.$$
$$2x - y = 2z - 6.$$
$$4x + y = 9 - z.$$

1157. ...
$$x + y + z = 20.$$
$$2x - 3y + 20 = 5z + 3y + 1.$$
$$3x + y - z = 4y + 4z + 2.$$

1158. ...
$$\frac{x}{y} = \frac{5}{6} \cdots \frac{y}{z} = 3 \ldots \frac{z}{5} = 0,6 - \frac{y}{30}.$$

1159....
$$x + y + z + u = 18.$$
$$x + 2y + 3z + 4u = 10z.$$
$$2x + 3y + 4z - 10u = x - 25.$$
$$5x + 4y - z - 2u = 2z + 4.$$

1160....
$$5x + 5y + 5z + 5u = 80.$$
$$2x + 3y - 4z - u = 17.$$
$$x - y + z + u = 4.$$
$$3x + 2y - 3z - 2u = 15.$$

1161....
$$\frac{x}{y} = 4\ldots \frac{y}{z} = 0,6\ldots \frac{z}{u} = \frac{5}{7}\ldots \frac{u}{7} = \frac{1}{12} + \frac{11y}{36}.$$

1162....
$$\frac{x}{z} = 2,5\ldots \frac{y}{u} = 2\ldots \frac{z}{y} = \frac{1}{3}\ldots \frac{u}{6} = 0,6 - \frac{z}{20}.$$

XXXVIᵉ LEÇON.

—

RÉSOLUTION DES ÉQUATIONS PAR COMPARAISON DE VALEURS.

1163. Comment opérer pour résoudre, par comparaison de valeurs, plusieurs équations dont le nombre est égal à celui des inconnues ?

Résoudre les équations :

1164....
$$10x + \tfrac{1}{2}y = x + 45y + 1.$$
$$\tfrac{1}{5}x + 2y = x - y - 2.$$

1165....
$$\tfrac{1}{3}y + \tfrac{1}{5}z = 22\tfrac{1}{4} - 4,05z.$$
$$4y + 3z = 2y + 4z + 1.$$

1166.... $\dfrac{x}{y} = 0{,}75$... $\dfrac{19y}{20} = 0{,}80 + x.$

1167.... $x + y + z = 9.$
$x + 2y + 3z = 20.$
$2x + 3y + 5z = 33.$

1168.... $x + 3y = 15.$
$3x - 4y = 2x + 5z - 43.$
$\frac{1}{3}x + \frac{1}{4}y = 5y + \frac{1}{6}z - 19.$

1169.... $\dfrac{x}{y} = 0{,}875$... $\dfrac{y}{z} = 2$... $\dfrac{z}{2} = \frac{1}{8}y + 1.$

1170.... $x + y + z - u = 2x + 3y - 49.$
$5x + 2y - z + 3u = 10y + 6u + 151.$
$2x + y + z + 3 = 7y + 5z + 41.$
$x + 2y + z + 10 = 9y + 9u.$

1171.... $\frac{5}{7}x + \frac{1}{2}y - 4z + u = -z.$
$x + y - z + u = 2z + 3.$
$3x + \frac{1}{2}y + \frac{1}{4}z + 2u = 3x + z + 3u.$
$x + 3y - 2z + 4u = \frac{3}{8}y + 6z.$

1172.... $\dfrac{x}{y} = a$... $\dfrac{y}{z} = b$... $\dfrac{z}{u} = c$... $\dfrac{u}{4} = d - \frac{1}{4}x.$

XXXVII° LEÇON.

—

RÉSOLUTION DES ÉQUATIONS PAR RÉDUCTION.

1173. Comment opérer pour résoudre par réduction plusieurs équations dont le nombre est égal à celui des inconnues?

Résoudre les équations :

1174....
$$21\,x + 12\,y = 6\,x + 22\,y.$$
$$30\,x + 15\,y = 20 - 5\,y.$$

1175....
$$\frac{7\,x}{3} + \frac{4\,y}{5} - \frac{17}{20} = 33\,x - 8,25.$$
$$\frac{29\,x}{20} - \frac{47\,y}{6} + 2\tfrac{179}{720} = 30\,x + 10\,y - 10\tfrac{1}{4}.$$

1176....
$$ax + by = 2\,x + 4\,y.$$
$$mx + ny = 5\,x + 2\,y.$$

1177....
$$4\,x + 3\,y = 6\,z - 1.$$
$$8\,x - 6\,y = 12\,z - 6.$$
$$12\,x + 12\,y = 13\,z + \tfrac{1}{2}.$$

1178....
$$6\,x + 4\,y + 3\,z = 10\,y + 2,5.$$
$$7\,x - 8\,y - 6\,z = 3\,y - 1,25.$$
$$\tfrac{1}{2}\,x + y + \tfrac{3}{4}\,z = 3\,x - 0,75.$$

1179....
$$\frac{x}{y} = a + b \dots \quad \frac{y}{b} = z + c \dots \quad \frac{z}{y} = c + m.$$

1180....
$$x + 2y + 4z - 3u = 0.$$
$$2x + 2y - 2z - u = 2u.$$
$$x + y + z + u = 3y + 1.$$
$$\tfrac{1}{6}x + \tfrac{1}{7}y + \tfrac{1}{8}u = z + 2.$$

1181....
$$6x + 5y - 4z - 3u = 0.$$
$$7x + 4y + z - 5u = 4x.$$
$$x + 2y + \tfrac{1}{10}z - \tfrac{1}{12}u = 2z + 1.$$
$$\tfrac{1}{3}x + \tfrac{1}{4}y + \tfrac{1}{5}z + \tfrac{1}{6}u = y.$$

XXXVIIIe LEÇON.

—

INDÉTERMINATION, IMPOSSIBILITÉ DES QUESTIONS, LORSQUE LE NOMBRE DES ÉQUATIONS EST ÉGAL A CELUI DES INCONNUES.

1182. Quand est-ce que la question est déterminée? — quand est-elle indéterminée?

1183. Comment opérer pour résoudre la question, lorsqu'elle est indéterminée?

1184. 1185. Lorsque la résolution des équations conduit à une absurdité, que faut-il en conclure? — Que faire, lorsqu'elle conduit à une valeur négative pour l'inconnue?

Résoudre les équations suivantes, et le cas échéant, dire s'il y a indétermination ou impossibilité; de plus, lorsque la valeur trouvée est négative, dire comment modifier l'équation (et par suite l'énoncé), pour que la valeur soit positive.

1186....
$$\frac{x+10}{2} + \frac{2(x+20)}{3} = \frac{5(34-x)}{6} + 2(x-5).$$

1187....
$$10x - 15y = 5x + 20.$$
$$6x - 9y = 3x + 12.$$

1188....
$$2x + 3y + 4z = 62.$$
$$3x + y + 18 = 3z.$$
$$5x + 4y + z = 44.$$

1189....
$$x + 3y + 5z = 7z + 2.$$
$$4x - 2y + 6z = 9y + 1.$$
$$3x + 8z + 1 = 14y.$$

1190....
$$x + 3y - 6z - 6u = 8.$$
$$2x + 5y - 10z - 12 = 9u.$$
$$2x + 4y - 9u - 14 = 8z.$$
$$5x + 12y - 24z - 24u = 34.$$

1191....
$$3x + 4y = 20.$$
$$15x + 10y = 80 - 10y.$$

1192....
$$x + 3z = 2y + 30.$$
$$2x + 3y = 40 - z.$$
$$x + 5y = 2z + 12.$$

1193....
$$x + 2z = 100 - 7y.$$
$$2x - 6y = 20 + 5z.$$
$$y - 3z = 110 - 3x.$$

1194....
$$4x + 7\tfrac{1}{2} = 6x + 10.$$

1195....
$$7x - 3y = 5y + 38.$$
$$10x + 4y = 3y + 17.$$

1196....
$$3x - 2y + 4z = y + 1.$$
$$5x + 3y - 2z = 8x - 2.$$
$$x + y + x = z + 1.$$

1197....
$$x + y + z = z + 5.$$
$$2x + 3y + 4z = 3z + 9.$$
$$\tfrac{1}{2}x + \tfrac{1}{3}y - \tfrac{1}{4}z = 2x + 1.$$

XXXIXe LECON.

—

NOMBRE D'ÉQUATIONS PLUS GRAND QUE CELUI DES INCONNUES.

1198. Comment opérer pour résoudre les équations dont le nombre surpasse celui des inconnues?

Résoudre les équations:

1199....
$$x + 2y = 2x + 7.$$
$$5x - 5y = y + 5.$$
$$4x - 3y = 2x - 4.$$
$$7x - 8y = x - 2.$$

1200....
$$x + y = z + 11.$$
$$x - 7 = y - 6.$$
$$y + z = x + 1.$$
$$3x + 4z = 5y - 1.$$

1201....
$$6x + 7y = 7x + 5.$$
$$7x - 8y = 3y + 3.$$
$$10x - 32 = 9y - 21.$$
$$\tfrac{1}{2}x + y = 6 - x.$$

1202. Comment, en certaines circonstances, peut-on opérer, lorsque les valeurs trouvées ne satisfont pas à toutes les équations?

Résoudre ainsi les équations suivantes :

1203....
$$x + y = 6.$$
$$2x + 3y = x + 10.$$
$$3x - 2y = y - 1.$$
$$2x - 7y = y - 15.$$
$$8x - 20 = 5y - 11.$$

1204....
$$x + y = z + 1.$$
$$2x + y = 3z - 5.$$
$$3x - 2y = 4z - 16.$$
$$x - z = y - 5.$$
$$5x + 2z = 3y + 8.$$

1205....
$$7x + 6y = 8z - 10y - 4.$$
$$4y - 2z = 3x - z - 10.$$
$$4x + 3z = 5y + 2z + 1.$$
$$3x - 2y = x + z - 7.$$
$$\tfrac{1}{4}x + \tfrac{1}{3}y = \tfrac{1}{5}z + 2x - 9.$$

XLe LEÇON.

—

RÉSOLUTION DES ÉQUATIONS DONT LE NOMBRE EST MOINDRE QUE CELUI DES INCONNUES.

1206. Qu'arrive-t-il, lorsque le nombre des équations est moindre que celui des inconnues ?

1207. Comment résoudre ces équations en nombres entiers positifs ? — Faire la recherche du procédé sur $ax + by = c$, en faisant voir préalablement que, x et y devant être entiers simultanément, tout diviseur commun de a et de b, est diviseur de c.

Résoudre en nombres entiers positifs les équations suivantes. — Dire combien il y a de solutions; et, s'il ne
s'en présente aucune, en rechercher la cause.

1208.... $x + y = 12.$

1209.... $3x + 4y = 20.$

1210.... $7x + 5y = 15.$

1211.... $15x + 4y = 32.$

1212.... $21x + 16y = 60.$

1213.... $3x + 29y = 200.$

1214.... $32x + 14y = 149.$

1215.... $27x + 35y = 60.$

1216.... $19x - 12y = 33.$

1217.... $49x - 33y = 100.$

1218.... $50x - 45y = 999.$

1219.... $21x + 26y = 1000.$

1220.... $37x + 27y = 1000.$

1221.... $\dfrac{3x}{4} - \dfrac{5y}{3} = 48{,}75.$

1222.... $\dfrac{7x}{8} + \dfrac{5y}{9} = 122\tfrac{5}{9}.$

1223.... $x + y + z = 20.$
$2x + y + 3z = 40.$

1224.... $2x - 3y - z = 10.$
$x - y + 5z = 15.$

1225.... $3x + 2y + z = 12.$
$4x + 3y - 2z = 14.$

1226.... $8x - 2y - 3z = 0.$
$5x + 3y - 2z = 9.$

1227.... $3x + 2y + 4z - 3u = 20.$
$5x + 4y + 6z + 2u = 42.$
$7x - 5y + 3z - u = 15.$

1228.... $20x + 10y + 5z + 15u = 205.$
$12x + 4y - 8z + 2u = 49.$
$6x - 7y + 3z - 6u = 12.$

1229.... $\tfrac{1}{2}x + \tfrac{3}{4}y + \tfrac{2}{3}z = 32{,}20.$
$\tfrac{2}{3}x - \tfrac{1}{3}y + \tfrac{3}{4}z = 27{,}40.$

4*

Trouver pour l'inconnue des valeurs entières et positives qui rendent entières et positives les expressions suivantes.

1230.... $\dfrac{x}{4}$ ... $\dfrac{x+8}{2}$ ... $\dfrac{x+6}{3}$.

1231.... $\dfrac{x-9}{2}$ ... $\dfrac{x-7}{3}$ ... $\dfrac{x-6}{4}$.

1232.... $\dfrac{3x+4}{5}$ ... $\dfrac{2x+7}{2}$ ... $\dfrac{4x+9}{3}$.

1233.... $\dfrac{5x+7}{2}$ ... $\dfrac{6x-5}{3}$ ... $\dfrac{7x+1}{4}$.

1234.... $\dfrac{x+49}{7}$ ... $\dfrac{x-30}{5}$ ... $\dfrac{x+28}{4}$.

1235.... $\dfrac{12x+3}{4}$ ... $\dfrac{7x-50}{11}$ ... $\dfrac{20x-100}{8}$.

XLIᵉ LEÇON.

ÉQUATIONS DU SECOND DEGRÉ.

1236. Qu'appelle-t-on équations *pures*, équations *complètes* du second degré ?

1237. Comment résoudre une équation pure du second degré ?

Résoudre les équations suivantes :

1238.... $3x^2 - 8 = 28 - 33x^2.$

1239.... $2x^2 + 21 = 10x^2 - 11.$

1240.... $7x^2 + 31 = 5x^2 + 49.$

1241.... $\frac{2}{3}x^2 + 27 = 81 - \frac{5}{6}x^2.$

1242.... $3x^2 - 45 = \frac{2}{3}x^2 + 13\frac{1}{3}.$

1243.... $100 + 5x^2 = \frac{3}{4}x^2 + 308{,}25.$

1244.... $222 - 3x^2 = \frac{7}{16}x^2 - 121{,}75.$

1245.... $\frac{5}{7}x^2 + \frac{8}{9} = \frac{4}{9}x^2 + 5\frac{13}{63}.$

1246.... $ax^2 + b = cx^2 + d.$

1247.... $ab^2x^2 - c = c^2dx^2 + m^2.$

1248.... $b^2x^2 + ac = a^2x^2 + mn.$

1249.... $\dfrac{ax^2}{b} + \dfrac{ab}{c} = x^2 + \dfrac{nx^2}{m}.$

1250. Comment opérer pour ramener toute équation complète du second degré à la forme $x^2 + bx = c$.

1251. Comment résoudre une équation complète du second degré? — A quoi est égale l'inconnue dans toute équation complète du second degré?

1252. Dans quel cas l'inconnue n'a-t-elle qu'une valeur? — quelle est alors cette valeur?

1253. Dans quel cas les deux valeurs de l'inconnue sont-elles imaginaires?

Résoudre les équations suivantes :

1254.... $x^2 + x = 6.$

1255.... $3x^2 + 5x = 68.$

1256.... $7x^2 - 3x = 3x^2 - 5x + 42.$

1257.... $3x^2 + 4x = 5x^2 - 5x - 5.$

1258.... $8x + 100 = 5x^2 + 3x - 50.$

1259.... $\quad 4x^2 + 7x + 31 = 17x - 12x^2 + 1531.$

1260. 1261... $3x^2 - 6x = -3...\quad x^2 - 2ax = -a^2.$

1262. 1263... $\frac{1}{4}x^2 + 1 = x...\quad x^2 + 37 = 12x.$

1264.... $\quad 9x^2 + 10x - 47 = 14x + 6x^2 + 100.$

1265.... $\quad 12x^2 + 12x + 100 = 3x^2 + 5x + 360.$

1266.... $\quad 10x^2 - 10x - 402 = 7x^2 - 7x - 312.$

1267.... $\quad 9x^2 - 2x + 261 = 3x^2 - x + 738.$

1268.... $\quad x^2 - 7x + 570 = 5x^2 - x + 110.$

1269.... $\quad 3x^2 + 4x + 2120 = 5x^2 + 6x + 1280.$

1270. 1271... $\frac{1}{3}x^2 + 3 = 2x...\quad 3x^2 - 30ax = -75a^2.$

1272. 1273... $\frac{1}{2}x^2 + 49 = 7x...\quad \frac{1}{4}x^2 + \frac{1}{3} = \frac{1}{2}x.$

1274.... $\quad \frac{8}{9}x^2 + \frac{2}{3}x + 7,5 = \frac{5}{6}x^2 + 2x.$

1275.... $\quad \frac{2}{5}x^2 - 2x + 50 = \frac{3}{4}x^2 - \frac{1}{2}x.$

1276.... $\quad \frac{1}{3}x^2 - 43x + 276 = \frac{1}{2}x^2 - \frac{5}{6}x + 17.$

1277.... $\quad 35 - \frac{4}{5}x^2 - 3x = 51x - 8x^2 - 55.$

1278.... $\quad \frac{5}{7}x^2 + \frac{2}{3}x - 8\frac{3}{7} = \frac{4}{5}x^2 + \frac{8}{9}x - 9\frac{13}{15}.$

1279.... $\quad \frac{7}{8}x^2 - \frac{1}{2}x + 8,4 = \frac{2}{5}x^2 - \frac{3}{4}x + 17.$

1280.... $\quad \frac{1}{4}x^2 - 3x - 2 = \frac{5}{6}x^2 - \frac{1}{2}x - 9\frac{1}{3}.$

1281.... $\quad \frac{2}{11}x^2 + \frac{2}{3}x + 5\frac{2}{35} = \frac{3}{7}x^2 + \frac{2}{5}x + 3\frac{7}{11}.$

1282.... $\quad 4x^2 = 3ax - \frac{5}{8}a^2.$

1283. 1284... $\frac{11}{14}x^2 - 11x = -38,5...\quad x^2 - \frac{3}{4}ax + \frac{9}{64}a^2 = 0.$

1285. 1286... $9x^2 - 6bx + 2b^2 = 0...\quad \frac{3}{4}x^2 - 6x + 12 = 0.$

1287.... $\quad ax^2 + b^2x + c = a^2x^2 + bx - c.$

1288.... $\quad \dfrac{a}{b}x^2 - \dfrac{b}{c}x + c = cx^2 - c^2x + d.$

1289.... $\quad (x+4)(x+5) + 3x^2 = (x+7)(x+10) + 10.$

1290.... $\quad (2x-20)(3x-35) + 4 = 2x^2 - (x+8)(x+2).$

1291.... $(x+a)(x+b)+c = ax^2+(x-a)(x-b).$

1292.... $\dfrac{6x+30}{x+10} - 15 = \dfrac{3x+40}{x-10}.$

1293.... $\dfrac{ax+b}{x+a} + \dfrac{a^2x-b^2}{x-a} = \dfrac{a^2b^2+ab}{b(x+a)} + b.$

1294.... $2\sqrt{3x+7} + \sqrt{2x-3} = 7.$

1295.... $\sqrt{8x+20} - \sqrt{4x+24} = \sqrt{3x-26}.$

1296.... $\sqrt{ax+b} + \sqrt{ax-b} = c+d.$

1297.... $a\sqrt{ax-b} - \sqrt{ax+b} = \sqrt{a^2-b^2}.$

1298.... $3x^2 + 4\sqrt{b} - 5x\sqrt{c} = 2x\sqrt{a} + 3x^2\sqrt{b} - ab.$

LES APPLICATIONS.

—◆◆—

XLIIe LEÇON.

—

RAPPORTS ET PROPORTIONS.

1299. Qu'appelle-t-on *rapport* ou *raison?* — Combien y a-
t-il de sortes de rapports?

1300. Qu'est-ce que le rapport par *différence?* — le rapport
par *quotient?*

1301. Comment écrit-on un rapport par différence? — un
rapport par quotient?

1302. Qu'appelle-t-on *antécédents, conséquents, termes* du
rapport?

1303. Comment évaluer un rapport par différence? — un
rapport par quotient?

1304. Evaluer 4.3... 9.6... 5.7... 8.12.

1305. Evaluer $a.b$... $b.c$... $c.d$... $x.y$.

1306. Evaluer 4:3... 3:4... 10:2... 1:8.

1307. Evaluer $a:b$... $b:c$... $c:d$... $x:y$.

1308. Change-t-on la valeur d'un rapport par différence
en augmentant ou en diminuant également ses
deux termes? — Pourquoi?

1309. Quel changement opère-t-on dans la valeur d'un rapport par différence, en multipliant ou en divisant ses deux termes par un même nombre? — Démontrer.

1310. Change-t-on la valeur d'un rapport par quotient en multipliant ou en divisant ses deux termes par un même nombre? — Démontrer.

1311. A quoi est égal l'antécédent d'un rapport?

1312. Lorsque deux rapports sont écrits de suite, qu'appelle-t-on *extrêmes? — moyens?*

1313. Démontrer que, dans deux rapports par différence écrits de suite, la somme algébrique des extrêmes et du second rapport égale la somme algébrique des moyens et du premier rapport.

1314. Démontrer que, dans deux rapports par quotient écrits de suite, le produit des extrêmes multiplié par le second rapport égale le produit des moyens multiplié par le premier rapport?

1315. Qu'appelle-t-on *proportion? — équidifférence?*

1316. Comment écrit-on l'équidifférence? — la proportion?

1317. Ecrire l'équidifférence qui résulte de $a - b = c - d$.

1318. Ecrire la proportion qui résulte de $\dfrac{a}{b} = \dfrac{c}{d}$.

1319. Ecrire les équidifférences résultantes de $6 - 4 = 7 - 5$... $12 - 8 = 15 - 11$... $4 - 7 = 6 - 9$... $5 - 10 = 13 - 18$.

1320. Ecrire les proportions résultantes de $\frac{2}{3} = \frac{4}{6}$... $\frac{3}{4} = \frac{9}{12}$... $\frac{15}{25} = \frac{3}{5}$... $\frac{36}{45} = \frac{4}{5}$... $\frac{1}{2} = \frac{50}{100}$.

XLIII° LEÇON.

PROPORTION CONTINUE, etc.

1321. Qu'appelle-t-on proportion *continue* ? — Equidifférence *continue* ?

1322. Comment s'écrit ordinairement une équidifférence continue ?

1323. Ecrire les équidifférences continues résultantes de
$$a - b = b - c \ldots \quad 14 - 11 = 11 - 8 \ldots \quad 4 - 7 = 7 - 10.$$

1324. Comment s'écrit la proportion continue ?

1325. Ecrire les proportions continues résultantes de $\dfrac{a}{b} = \dfrac{b}{c}$
$$\frac{1}{2} = \frac{2}{4} \ldots \quad \frac{8}{12} = \frac{12}{18} \ldots \quad \frac{20}{10} = \frac{10}{5}.$$

1326. Qu'est-ce qu'un moyen *proportionnel* ? — un moyen *différentiel* ?

1327. Quel est le moyen proportionnel dans

$$a : b :: b : c \qquad x : y :: y : z$$
$$2 : 4 :: 4 : 8 \qquad 18 : 12 :: 12 : 8.$$

1328. Quel est le moyen différentiel dans

$$a \,.\, b : b \,.\, c \qquad x \,.\, y : y \,.\, z.$$
$$4 \,.\, 6 : 6 \,.\, 8 \qquad 20 \,.\, 12 : 12 \,.\, 4.$$

1329. Qu'appelle-t-on *suite de rapports égaux* ? — Comment l'écrit-on ?

1330. Ecrire les suites de rapports égaux résultantes de

$$\frac{a}{b} = \frac{c}{d} = \frac{e}{f} = \frac{g}{h} \cdots \qquad \frac{1}{2} = \frac{3}{6} = \frac{4}{8} = \frac{5}{10}.$$

1331. Démontrer que si des rapports sont égaux, ces rapports renversés seront aussi égaux.

1332. Qu'appelle-t-on rapport *composé?* — rapports *composants?*

1333. Lorsque les rapports composants sont $m : n$, $u : x$, $y : z$, quel est le rapport composé?

1334. Soient $2 : 3$... $4 : 5$... $9 : 6$... $7 : 1$... $12 : 14$, des rapports composants : quel est le rapport composé?

1335. Démontrer que le rapport composé est égal au produit des rapports composants.

1336. Qu'est-ce que le rapport *doublé, triplé, quadruplé...* d'un autre rapport?

1337. Qu'est-ce que le rapport *sous-doublé, sous-triplé,...* d'un autre rapport?

1338. A quoi est égal le rapport doublé, triplé, quadruplé... d'un autre rapport? — et le rapport sous-doublé, sous-triplé...?

1339. Qu'est-ce que le rapport *double, triple, quadruple,... sous-double, sous-triple, sous-quadruple,...* d'un autre rapport?

On demande :

1340. Le rapport doublé, triplé, quadruplé de $x : y$.

1341. Le rapport double, triple, quadruple de $m : n$.

1342. Le rapport sous-doublé, sous-triplé de $b : c$.

1343. Le rapport sous-double, sous-triple de $y : z$.

1344. Qu'est-ce que *multiplier* plusieurs proportions *par ordre?*

1345. Qu'est-ce que *diviser* deux proportions *par ordre?*

1346. Soient les proportions....

$$a : b :: c : d... \quad e : f :: g : h...$$
$$i : k :: l : m... \quad n : p :: x : y.$$

1° Quels résultats obtiendra-t-on en multipliant par ordre les trois premières? — les trois dernières?

2° Qu'obtiendra-t-on en divisant par ordre la première par la seconde? — la seconde par la troisième? — la troisième par la quatrième?

XLIVᵉ LEÇON.

PROPRIÉTÉS DES ÉQUIDIFFÉRENCES.

1347. Démontrer que, *dans toute équidifférence, la somme des extrêmes est égale à la somme des moyens ; et réciproquement, que si quatre quantités écrites de suite sont telles que la somme des extrêmes soit égale à la somme des moyens, elles forment une équidifférence.*

1348. Dans une équidifférence continue, à quoi est égale la somme des extrêmes ?— Que vaut le terme moyen ?

1349. Comment insérer un moyen différentiel entre deux nombres donnés ? — Démontrer.

Insérer un moyen différentiel

1350. Entre 4 et 8 ;... entre 7 et 13 ;... entre 20 et 25.

1351. Entre a et b ;... entre m et n ;... entre x et y.

1352. Entre $2a$ et $4b$; entre $3m$ et $7n$.

1353. Comment calculer le terme inconnu d'une équidifférence dont on connaît les trois autres ?—Démontrer.

Calculer le terme inconnu dans

1354... $2 . 3 : 7 . x$ ... $9 . 5 : 20 . y$.

1355... $5 . 12 : x . 24$ ... $32 . 6 : y . 12$.

1356... $12 . x : 24 . 30$ ... $4\frac{2}{3} . y : 14 . 21$.

1357... $a . b : c . x$ ... $y . m : n . p$.

1358. Quels changements peut-on faire dans l'ordre des termes d'une équidifférence ?

Ecrire les huit équidifférences résultantes

1359. De $3 + 6 = 4 + 5$...   de $12 + 3 = 7 + 8$.
1360. De $13 + 7 = 17 + 3$...   de $21 + 4 = 25$.
1361. De $9 - 4 = 18 - 13$...   de $23 - 10 = 13$.
1362. De $a + b = c + d$...   de $x + y = z$.
1363. De $m - n = x - z$....   de $a - b = c$.

XLV° LEÇON.

PROPRIÉTÉS DES PROPORTIONS.

1364. Démontrer que, *dans toute proportion, le produit des extrêmes est égal à celui des moyens, et réciproquement, que si quatre quantités écrites de suite sont telles que le produit des extrêmes soit égal à celui des moyens, elles forment une proportion.*

1365. Dans une proportion continue, à quoi est égal le produit des extrêmes? — Que vaut le terme moyen?

1366. Comment insérer un moyen proportionnel entre deux nombres donnés? — Démontrer.

Insérer un moyen proportionnel

1367. Entre 1 et 4 ;...   entre 2 et 18.
1368. Entre 18 et 8 ;...   entre 5 et 20.
1369. Entre 12 et 30 ;...   entre 40 et 100.
1370. Entre a et b ;...   entre x et z.
1371. Entre m^2 et n^4 ;...   entre $4\,a^2b$ et b^3x^2.
1372. Entre $\sqrt{a}$ et $\sqrt{a^3}$;... entre $\sqrt{x}$ et $\sqrt{z}$.

1373. Comment calculer le terme inconnu d'une proportion dont on connaît les trois autres? — Démontrer.

Calculer les termes inconnus dans

1374... $4 : 7 :: 16 : x$... $12 : 18 :: 20 : y$.
1375... $20 : 8 :: x : 24$... $21 : 25 :: y : 75$.
1376... $\frac{2}{3} : x :: \frac{3}{4} : \frac{4}{5}$... $\frac{3}{7} : y :: \frac{3}{8} : \frac{2}{3}$.
1277... $x : a :: b : c$... $y : m :: n : p$.
1378... $a^2 : b :: c : x$... $y : 2b :: 3c : 4d$.
1379... $\sqrt{a} : \sqrt{b} :: x : \sqrt{c}$...
$\sqrt{ab} : y :: \sqrt{2ab} : \sqrt{8a^3b^3}$.

1380. Quels changements peut-on faire dans l'ordre des termes d'une proportion?

Ecrire les huit proportions résultantes

1381. De $2 \times 6 = 3 \times 4$;... de $6 \times 7 = 3 \times 14$.
1382. De $6 \times 8 = 24 \times 2$;.. de $9 \times 10 = 30 \times 3$.
1383. De $\frac{2}{3} \times \frac{3}{2} = \frac{5}{6} \times \frac{6}{5}$;... de $\frac{3}{8} \times \frac{8}{3} = \frac{5}{7} \times \frac{7}{5}$.
1384. De $a \times b = c \times d$;... de $m \times n = x \times y$.

1385. De $\frac{a}{b} = \frac{c}{d}$... de $\frac{d}{e} = f$... de $m \times n = z$.

1386. De $8 = 2 \times 4$... de $\frac{12}{3} = 4$... de $\sqrt{ab} = c$.

1387. Démontrer que si deux proportions ont un rapport commun, on peut former une proportion avec les deux autres rapports.

1388. Démontrer 1° que si deux proportions ont les mêmes conséquents, les antécédents sont proportionnels;
2° Que si deux proportions ont les mêmes antécédents, les conséquents sont proportionnels.

1389. Quelle proportion peut-on former avec deux proportions qui ont les mêmes moyens? — qui ont les mêmes extrêmes? — Démontrer.

XLVI° LEÇON.

—

CHANGEMENTS PAR ADDITION.

1390. Démontrer que, dans toute proportion, la somme des deux premiers termes est au second comme la somme des deux derniers est au quatrième.

1391. Démontrer que, dans toute suite de rapports égaux, la somme des termes du premier rapport est au premier conséquent, comme la somme des termes du second rapport est au second conséquent, comme la somme des termes du troisième rapport est au troisième conséquent, comme, etc.

1392. Démontrer que, dans toute proportion, la somme des deux premiers termes est au premier, comme la somme des deux derniers est au troisième.

1393. Démontrer que, dans toute suite de rapports égaux, la somme des termes du premier rapport est au premier antécédent, comme la somme des termes du second rapport est au second antécédent, comme la somme des termes du troisième rapport est au troisième antécédent, comme, etc.

1394. Démontrer que, dans toute proportion, la somme des antécédents est à la somme des conséquents comme un antécédent est à son conséquent.

1395. Démontrer que, dans toute suite de rapports égaux, la somme des antécédents est à la somme des conséquents comme un antécédent est à son conséquent.

———

XLVII° LEÇON.

—

CHANGEMENTS PAR SOUSTRACTION.

1396. Démontrer que, dans toute proportion, la différence des deux premiers termes est au second comme la différence des deux derniers est au quatrième.

1397. Démontrer que, dans toute suite de rapports égaux, la différence des termes du premier rapport est au premier conséquent, comme la différence des termes du second rapport est au second conséquent, comme la différence des termes du troisième rapport est au troisième conséquent, comme, etc.

1398. Démontrer que, dans toute proportion, la différence des deux premiers termes est au premier comme la différence des deux derniers est au quatrième.

1399. Démontrer que, dans toute suite de rapports égaux, la différence des termes du premier rapport est au premier antécédent, comme la différence des termes du second rapport est au second antécédent, comme la différence des termes du troisième rapport est au troisième antécédent, comme, etc.

1400. Démontrer que, dans toute proportion, la différence des antécédents est à la différence des conséquents comme un antécédent est à son conséquent.

XLVIII° LEÇON.

—

CHANGEMENTS PAR ADDITION ET SOUSTRACTION.

Démontrer que, dans toute proportion,

1401. 1° La somme des deux premiers termes est à la somme des deux derniers comme la différence des deux premiers est à la différence des deux derniers.

1402. 2° La somme des deux premiers termes est à leur différence comme la somme des deux derniers est à leur différence ;

1403. 3° La somme des antécédents est à la somme des conséquents comme la différence des antécédents est à la différence des conséquents ;

1404. 4° La somme des antécédents est à leur différence comme la somme des conséquents est à leur différence.

XLIXe LEÇON,

CHANGEMENTS PAR MULTIPLICATION, DIVISION, ÉLÉVATION AUX PUISSANCES, EXTRACTION DE RACINES.

1405. Démontrer que si l'on multiplie plusieurs proportions par ordre, les produits qu'on obtient sont en proportion.

1406. Démontrer que si l'on divise deux proportions par ordre, les quotients qu'on obtient sont en proportion.

1407. Démontrer que si l'on multiplie par ordre plusieurs suite de rapports égaux, les produits qu'on obtient forment une suite de rapports égaux.

1408. Démontrer que si l'on divise par ordre deux suites de rapports égaux, les quotients qu'on obtient forment une suite de rapports égaux.

1409. Démontrer que les puissances semblables des termes d'une proportion sont en proportion.

1410. Démontrer que les puissances semblables des termes d'une suite de rapports égaux forment une suite de rapports égaux.

1411. Démontrer que les racines semblables des termes d'une proportion sont en proportion.

1412. Démontrer que les racines semblables des termes d'une suite de rapports égaux forment une suite de rapports égaux.

1413. Comment se fait-il qu'en multipliant ou en divisant l'un des extrêmes d'une proportion par un nombre quelconque, et faisant la même opération sur l'un des moyens, la proportion ne soit point troublée par ce changement?

L° LEÇON.

—

DES PROGRESSIONS EN GÉNÉRAL.

1414. Qu'appelle-t-on *progression?* — Combien y a-t-il de sortes de progressions ?

1415. Qu'est-ce que la progression par différence ? — Comment l'écrit-on ?

1416. Écrire et énoncer la progression par différence composée des termes suivants : 4, 7, 10, 13, 16, 19, 22, 25, et dire quelle est la raison de cette progression.

1417. Combien y a-t-il de sortes de progressions par différence ?

1418. Quand est-ce que la progression par différence est *croissante ?* — Quand est-elle *décroissante ?*

1419. Connaissant le premier terme et la raison de la progression par différence, comment la former si elle est croissante ? — si elle est décroissante ?

1420. Le premier terme étant 3, et la raison 4, trouver les huit premiers termes de la progression croissante.

1421. Le premier terme étant 32, la raison 3, et la progression décroissante, trouver les dix premiers termes.

1422. Trouver les douze premiers termes de $\div 5.8$.etc.

1423. Trouver les quinze premiers termes de $\div 20.18$.etc.

1424. Le premier terme étant a, la raison δ, et la progression croissante, trouver les six premiers termes.

5

— Trouver les huit premiers termes, la progression étant décroissante.

1425. Que forme la suite naturelle des nombres 1, 2, 3, 4...

1426. Qu'est-ce que la progression par quotient? — Qu'est-ce que la *raison* de la progression?

1427. Comment écrit-on la progression par quotient?

1428. Ecrire et énoncer la progression par quotient dont les termes sont : 2, 6, 18, 54, 162, 486, 1458, 4374, et dire quelle est la raison de cette progression.

1429. Comment former une progression par quotient dont on connaît le premier terme et la raison?

1430. Le premier terme étant 1, et la raison 2, trouver les dix premiers termes de la progression.

1431. Le premier terme étant 20, et la raison $\frac{1}{2}$, trouver les six premiers termes de la progression.

1432. Trouver les 5 premiers termes de $\div\div$ 3 : 12 : etc.

1433. Trouver les 8 premiers termes de $\div\div$ $\frac{3}{4}$: $1\frac{1}{2}$: etc.

1434. Trouver les 7 premiers termes de $\div\div$ 128 : 64 : etc.

1435. Trouver les 6 premiers termes de $\div\div$ 1 : $\frac{1}{3}$: etc.

1436. Trouver les 10 premiers termes de $\div\div$ a : ar : etc.

1437. Trouver les 9 premiers termes de $\div\div$ a : $\dfrac{a}{r}$: etc.

1438. Trouver les 6 premiers termes de $\div\div$ a : $a + \dfrac{a}{n}$: etc.

1439. Une progression par quotient étant écrite, comment en trouver la raison?

1440. Quand est-ce que la progression par quotient est dite *croissante?* — Quand est-elle *décroissante?*

LIe LEÇON.

—

PROPRIÉTÉS DES PROGRESSIONS PAR DIFFÉRENCE.

1441. A quoi est égal un terme quelconque d'une progression par différence, lorsqu'elle est croissante? — lorsqu'elle est décroissante? — Démontrer.

1442. A quoi est égal le 6e, le 8e, le 12e, le 20e,.... le $n^{\text{ième}}$ terme d'une progression par différence, lorsqu'elle est croissante?

1443. A quoi est égal le 7e, le 9e, le 30e, le 100e, .. le $n^{\text{ième}}$ terme d'une progression par différence, lorsqu'elle est décroissante?

1444. Trouver le 6e, le 12e, le 20e terme de $\div 3 . 5....$

1445. Calculer le 10e, le 15e, le 31e terme de $\div 0 . 4....$

1446. Trouver le 5e, le 10e, le 100e terme de $\div 100 . 93....$

1447. Trouver le 7e, le 14e, le 40e terme de $\div 50 . 49....$

1448. Trouver le 4e, le 11e, le 101e, terme de $\div a . a + \delta.$

1449. Trouver le 20e, le 40e, le 1000e terme de $\div a . a - \delta.$

1450. Qu'est-ce qu'*insérer des moyens différentiels entre deux nombres donnés?*

1451. Comment insérer entre deux nombres donnés un nombre quelconque de moyens différentiels? — Démontrer la règle.

1452. Insérer 4 moyens différentiels entre 6 et 26.

1453. Insérer 6 moyens différentiels entre 3 et 31.

1454. Insérer 7 moyens différentiels entre 100 et 12.

1455. Insérer 9 moyens différentiels entre 40 et 22.

1456. Insérer 10 moyens différentiels entre 0 et 99.

1457. Insérer 11 moyens différentiels entre 12 et 0.

1458. Insérer 6 moyens différentiels entre $\frac{1}{2}$ et $\frac{2}{3}$.

1459. Insérer 5 moyens différentiels entre $\frac{3}{4}$ et $\frac{4}{5}$.

1460. Insérer 4 moyens différentiels entre 0 et $\frac{5}{7}$.

1461. Comment trouver la somme des termes d'une progression par différence? — Démontrer cette règle.

Trouver la somme

1462. Des 10 premiers termes de $\div$ 4 . 6....

1463. Des 12 premiers termes de $\div$ 40 . 37....

1464. Des 16 premiers termes de $\div$ 100 . 105....

1465. Des 20 premiers termes de $\div$ 0 . 7....

1466. Des 24 premiers termes de $\div$ 20 . 22....

1467. Des 30 premiers termes de $\div$ 2 . 3,45....

1468. Des 40 premiers termes de $\div$ 1 . 2....

1469. Des 10 premiers termes de $\div$ $\frac{1}{2}$. $\frac{2}{3}$....

1470. Des 15 premiers termes de $\div$ $\frac{2}{3}$. $\frac{3}{4}$.

1471. Des 10, des 20, des 30, des 40, des 50, des 100 premiers termes de $\div$ 1 . 3....

1472. Des n premiers termes de $\div$ 1 . 3....

1473. Comment trouver le nombre de boulets d'une face formant un triangle? — d'une face formant un trapèze?

1474. Comment trouver le nombre de boulets d'une couche formant un carré, ou un rectangle, ou un triangle?

Combien y a-t-il de boulets

1475. Dans une couche carrée dont le côté contient 20, 14, 17, 19, 24, 30 boulets?

1476. Dans une couche rectangulaire dont le grand côté contient 20, 22, 27, 29, 30 boulets, et le petit, 12, 13, 15, 16, 20?

1477. Dans une face triangulaire dont le côté en contient 6, 8, 10, 12, 14, 16, 18, 20?

1478. Dans une face trapèze dont le grand côté en contient
    20, 22, 27, 29, 30, et le petit, 12, 13, 15, 16, 10?
1479. Pourriez-vous nous trouver une formule commode
    pour calculer le nombre de boulets d'une pile quel-
    conque (carrée, rectangulaire, triangulaire *en-
    tière* ou *tronquée*)?

Combien y a-t-il de boulets

1480. Dans une pile carrée dont la couche inférieure con-
    tient 10 boulets sur son côté?
1481. Dans une pile rectangulaire, la couche inférieure
    ayant 20 boulets sur le grand côté et 15 sur le petit?
1482. Dans une pile triangulaire dont la couche inférieure
    contient 25 boulets sur son côté?
1483. Dans une pile carrée tronquée, le côté inférieur con-
    tenant 30 boulets et le côté supérieur 10?
1484. Dans une pile rectangulaire tronquée, la longueur in-
    férieure contenant 32 boulets, la longueur supé-
    rieure 20, et la largeur inférieure, 24?
1485. Dans une pile triangulaire tronquée, le côté de la base
    inférieure contenant 24 boulets, et celui de la base
    supérieure 8?

LII° LEÇON.

—

PROPRIÉTÉS DES PROGRESSIONS PAR QUOTIENT.

1486. A quoi est égal un terme quelconque d'une progres-
    sion par quotient?
1487. A quoi est égal le 4e, le 6e, le 10e, le 12e,... le
    $n^{ième}$ terme d'une progression par quotient?

1488. Trouver le 4e, le 5e, le 7e terme de $\div$ 3 : 6 : ...

1489. Trouver le 5e, le 8e, le 10e terme de $\div$ 2 : 6 : ...

1490. Trouver le 6e, le 8e, le 12e terme de $\div$ 64 : 32 : ...

1491. Trouver le 5e, le 7e, le 9e terme de $\div$ 0,25 : 0,50 : ...

1492. Trouver le 10e, le 15e, le 20e terme de $\div \frac{1}{1024} : \frac{1}{512} :$ ...

1493. Trouver le 5e, le 20e, le 40e terme de $\div a : ar :$ ...

1494. Trouver le 10e, le 50e terme de $\div a : \dfrac{a}{r} :$ ...

1495. Trouver le 12e le 25e terme de $\div a : a + b :$ ...

1496. Trouver le 8e, le 17e terme de $\div a : a - b :$ ...

1497. Trouver le 5e, le 9e terme de $\div a : \sqrt{a^2 b} :$ ...

1498. Trouver le 6e, le 10e terme de $\div \sqrt{a} : \sqrt[3]{b} :$ ...

1499. Trouver le premier terme d'une progression par quotient, dont le 10e terme est 512 et la raison 2.

1500. Trouver le 4e terme d'une progression par quotient, dont le 12e terme est 354 294 et la raison 3.

1501. Qu'est-ce qu'*insérer des moyens proportionnels entre deux nombres donnés ?*

1502. Comment insérer entre deux nombres donnés un nombre quelconque de moyens proportionnels ? — Démontrer la règle.

1503. Lorsque la raison est incommensurable, comment opérer pour empêcher que l'erreur ne s'accumule en passant d'un terme à l'autre ?

1504. Comment opérer, dans l'insertion des moyens proportionnels, lorsqu'on fait usage des logarithmes. — Démontrer.

1505. Insérer 3 moyens proportionnels entre 5 et 1 205.

1506. Insérer 5 moyens proportionnels entre 4 et 2 916.

1507. Insérer 7 moyens proportionnels entre 3 et 1 171 875.

1508. Insérer 8 moyens proportionnels entre 4 et 78 732.

1509. Insérer 11 moyens proportionnels entre 5 et 20 480.

1510. Insérer, à moins d'un 100e près, 4 moyens proportionnels entre 10 et 20.

1511. Insérer, à moins d'un 1000e près, 6 moyens proportionnels entre 8 et 32.

1512. Insérer, à moins d'un 100ᵉ près, 9 moyens propor-
      tionnels entre 1,05 et 8,95.
1513. Insérer, à moins d'un 10ᵉ près, 12 moyens propor-
      tionnels entre 2 et 100.
1514. Insérer, à moins d'un 1000ᵉ près, 6 moyens propor-
      tionnels entre 2,25 et 0,04.
1515. Une progression par quotient composée de dix termes
      a pour extrêmes 0,0625 et 32 : quels sont les
      moyens?
1516. Trouver, à moins d'un 100ᵉ près, les moyens d'une
      progression par quotient, le premier terme étant
      3,33 et le 9ᵉ, qui est le dernier, étant 333.
1517. Quel doit être l'accroissement annuel de la popula-
      tion, pour que le nombre des individus devienne
      double au bout de chaque siècle?
1518. Quelle doit être l'augmentation annuelle d'un capital,
      pour qu'il soit triplé tous les 30 ans?
1519. A quel taux faut-il placer un capital, pour qu'il de-
      vienne centuple au bout de chaque siècle?

LIIIᵉ LEÇON.

SOMMATION DES TERMES D'UNE PROGRESSION PAR QUOTIENT.

1520. Comment opérer pour calculer commodément la
      somme des termes d'une progression par quotient?
      — Démontrer.

Trouver la somme

1521. Des 6 premiers termes de $\div$ 31 : 62 : ...

1522. Des 7 premiers termes de $\div$ 48 : 24 : ...

1523. Des 8 premiers termes de $\div$ 2 : 6 : ...

1524. Des 9 premiers termes de $\div$ 729 : 243 : ...

1525. Des 10 premiers termes de $\div$ $\frac{1}{32}$: $\frac{1}{16}$: ...

1526. Des 11 premiers termes de $\div$ 1 : $\frac{1}{2}$: ...

1527. Des 12 premiers termes de $\div$ 1 : $\sqrt{2}$: ...

1528. Des 5 premiers termes de $\div$ 8 : 8 $\times$ 1,05 : ...

1529. Des 7 premiers termes de $\div$ $\sqrt{2}$: $\sqrt{3}$: ...

1530. Des n premiers termes de $\div$ 1 : $\frac{1}{2}$: ...

1531. Des n premiers termes de $\div$ 100 : 50 : ...

1532. Des n premiers termes de $\div$ $a : \dfrac{a}{2}$: ...

1533. Des n premiers termes de $\div$ $a : b$: ...

1534. Des n premiers termes de $\div$ $a : \dfrac{a}{q}$: ...

1535. Trouver à quoi est égal le produit de tous les termes d'une progression par quotient.

LIV LEÇON.

—

INTÉRÊTS COMPOSÉS.

1536. Soit a un capital placé à t pour cent par an : trouver la valeur de ce capital au bout du nombre n d'années, en ayant égard aux intérêts des intérêts.

1537. Que faire pour trouver quelle est, après un certain nombre d'années, la valeur d'un capital placé à intérêts composés, à un taux déterminé? — Comment trouver cette valeur en employant les logarithmes?

1538. Une personne doit une somme A payable dans n années : combien doit-elle payer présentement, en ayant égard aux intérêts composés, si le créancier lui accorde une déduction de 5 pour cent par an?

1539. Quelle est, après 4 ans, la valeur de 6400 fr., placés à intérêts composés, à 5 p. % par an?

1540. Quelle est, après 7 mois, la valeur de 4000 fr., placés à intérêts composés, à $\frac{1}{2}$ p. % par mois?

1541. Quelle est, après 4 ans 7 mois, la valeur de 12 000 fr., placés à intérêts composés, à 6 p. % par an.

1542. Si, au lieu de placer 10 000 fr. à intérêts composés, à 6 p. % par an, on place cette somme à $\frac{1}{2}$ p. % par mois, quel bénéfice aura-t-on après 6 ans?

1543. Trouver, en intérêts composés, la valeur de 5 628 fr., placés pendant 9 mois et demi, à raison de $\frac{3}{4}$ p. % par mois.

1544. L'intérêt étant fixé à 4 p. % par an, quelle sera la valeur de 1 234 fr. après 12 ans 129 jours?

1545. Quel est le taux annuel de l'intérêt composé, lorsque le taux mensuel est $\frac{1}{2}$ ou 0,50?

1546. Le taux annuel de l'intérêt composé étant 5, quelle somme faut-il placer aujourd'hui pour toucher 8000 fr. dans 10 ans?

1547. Je possède un billet de 30 000 fr. payable dans dix ans et demi : combien me doit-on compter aujourd'hui, en ayant égard à l'intérêt composé, 4 $\frac{1}{2}$ p. % par an?

1548. Quelqu'un a reçu 20 000 fr. pour une somme de 15 000 fr., placée à 3 p. % par an, intérêts composés; combien d'années cette somme est-elle restée chez l'emprunteur?

1549. Quelqu'un qui avait placé 3 200 fr. à intérêts composés, reçut, quatre ans après, une somme de 3889^f,62, capital et intérêt compris; à quel taux avait-il placé?

1550. Je reçois 2000 fr. pour 1500 fr. que je plaçai, il y a 9 ans 268 jours : trouver le taux du placement.

1551. On place en même temps 600 fr. à 6 p. % *par an*, et 550 fr. à $\frac{1}{2}$ p. % *par mois;* après combien d'années les deux sommes seront-elles égales?

1552. Une commune ayant besoin d'une somme de 12 000 f., est autorisée à l'emprunter. Elle doit la rendre en quinze ans, par parties égales : on demande de combien elle devra s'imposer pour cet objet, en ayant égard aux intérêts composés, à 5 p. % par an.

1553. En général, soient a la somme empruntée, n le nombre d'années, i l'intérêt annuel d'un franc, et b la somme rendue annuellement : étant donnés a, n, i, trouver b.

1554. Dans les deux problèmes précédents, nous avons supposé le taux du remboursement égal à celui du placement; or, il peut être moindre. Soit donc i' l'intérêt annuel d'un franc pour le remboursement : étant donnés a, n, i, i', trouver b.

1555. Quelqu'un emprunte 40 000 fr., qu'il s'engage à rembourser en 4 ans par portions égales rendues à la fin de chaque année. Quelle *annuité* doit-il servir, le taux de l'emprunt étant 6, et celui du remboursement, 5 p. % par an ?

1556. Quelle annuité faut-il servir pendant 12 ans pour s'acquitter d'une somme de 1168^f,50, les intérêts réciproques étant fixés à 6 p. % par an?

1557. Trouver l'annuité à servir pendant 50 ans, pour s'acquitter d'une somme de 500 000 fr., empruntée à 6 p. % par an, le taux annuel du remboursement étant 5.

1558. On demande quelle somme il faut payer à la fin de chaque mois, pendant 8 ans 4 mois, pour se libérer d'une somme de 100 000 fr., les intérêts réciproques étant calculés sur le pied de $\frac{1}{2}$ p. % par mois.

1559. Quelqu'un veut emprunter une somme telle qu'il

puisse s'en acquitter en servant une annuité de 100 fr. pendant 10 ans, et il demande quelle est cette somme, sachant que les intérêts réciproques sont fixés à 5 p. % par an.

1560. Je veux faire un emprunt tel que je m'acquitte en servant une annuité de 200 fr. pendant 8 ans. Quelle doit être la somme empruntée, si le taux annuel de l'emprunt est 5, et celui du remboursement $4\frac{1}{2}$?

1561. Quelqu'un ayant emprunté une somme de 77 217 fr., s'en est acquitté en servant une annuité de 10 000 fr. pendant un certain temps : pendant combien d'années a-t-il servi cette annuité, le taux commun étant 5 p. % par an?

1562. Quel doit être le taux commun annuel de l'intérêt, pour s'acquitter d'une somme de 12 000 fr., en servant une annuité de 1156 fr. 11 c. pendant 15 ans ?

LV° LEÇON.

—

DU CALCUL DES PROBABILITÉS.

1563. Qu'appellet-t-on *chances ?*

1564. Combien y a-t-il de chances dans le jet d'un seul *dé ?*

1565. Qu'est-ce que la *probabilité* d'un événement ?

1566. Dans le jet d'un seul dé, quelle est la probabilité d'amener un point quelconque? (1, 2, 3, 4, 5, 6).

1567. Combien y a-t-il de chances dans le jet de deux dés ?

— Faire voir qu'il y a ce nombre de chances ?

1568. Dans le jet de deux dés , de combien de manières et comment le numéro 2 peut-il être amené ? — Quelle est la probabilité pour , qu'elle est la probabilité contre ce numéro ?

Répondre aux mêmes questions

1569. Pour les numéros 3, 4, 5.

1570. 1571. Pour les numéros 6, 7... 8, 9.

1572. Pour les numéros 10, 11, 12.

1573. Qu'appelle-t-on *pari équitable ?* — Exemples.

1574. Si dans le jet d'un seul dé , une personne parie d'amener 1, combien doit-elle parier ? — Combien son adveraire ?

1575. Répondre aux mêmes questions pour chacun des autres numéros 2, 3, 4, 5, 6.

1576. Si dans le jet d'un seul dé , A parie d'amener 2 , et B d'amener 4 , combien A doit-il parier ? — Combien B ?

1577. Si dans le jet de deux dés , quelqu'un parie d'amener 2, combien doit-il parier ? — Combien son adversaire ?

Répondre aux mêmes questions

1578. Pour les numéros 3, 4, 5, 6, 7, 8.

1579. Pour les numéros 9, 10, 11, 12.

1580. Si avec deux dés , A parie d'amener 3, et B d'amener 4 , combien A doit-il parier ? — Combien B ?

Répondre aux mêmes questions

1581. Lorsque A parie d'amener 4, et B d'amener 5.

1582. Lorsque A parie d'amener 6 , et B d'amener 7.

1583. Lorsque A parie d'amener 8, et B d'amener 9.

1584. Lorsque A parie d'amener 10, et B d'amener 11.

1585. Si avec deux dés , A parie d'amener 4 , B d'amener 6, et C d'amener 10, combien chacun des trois indivi doit-il parier ?

LVIe, LVIIe LEÇON.

—

ARRANGEMENTS, PERMUTATIONS, COMBINAISONS,(*) LOTERIE.

1586. Lorsqu'on a un nombre quelconque m de lettres , si on les prend 2 à 2, 3 à 3, 4 à 4,..... en leur donnant dans chaque assemblage toutes les places qu'elles peuvent occuper, on forme ce qu'on appelle les *arrangements* 2 à 2, 3 à 3, 4 à 4, ... de ces m lettres.

1587. Les arrangements *avec répétition*, sont ceux qui admettent la répétition d'une lettre dans le même arrangement. Ainsi m lettres a, b, c, d.... prises 2 à 2, donnent :

$$aa \quad ab \quad ac \quad ad.... \quad ba \quad bb \quad bc \quad bd....$$
$$ca \quad cb \quad cc \quad cd..... \quad da \quad db \quad dc \quad dd....$$

. . . .

Chacune des lettres a, b, c, d..... commence m arrangements ; donc , puisqu'il y a m lettres , le nombre total des arrangements de m lettres, prises 2 à 2, est m fois m, ou m^2.

Si les m lettres sont prises 3 à 3 , elles donnent :

$$aaa \quad aab \quad aac \quad aad... \quad aba \quad abb \quad abc \quad abd...$$
$$aca \quad acb \quad acc \quad acd... \quad ada \quad adb \quad adc \quad add...$$

. . . .

(*) Pour nous conformer à l'usage le plus général , nous nous sommes permis de modifier les définitions des *Arrangements* et des *Permutations*.

Chaque arrangement de deux lettres, aa, ab, ac, ad,.. en commence m de 3; donc le nombre des arrangements, 3 à 3, de m lettres est $m \times m^2$, ou m^3.

On trouvera de même que le nombre des arrangements, 4 à 4, de m lettres est m^4. En général, (*) si A_n désigne le nombre des arrangemens, n à n de m lettres, avec répétition, on aura $A_n = m^n$.

1588. Les arrangements *sans répétition*, qu'on appelle simplement *arrangements*, n'admettent dans aucun d'eux la répétition d'une même lettre. Ainsi, m lettres, a, b, c, d,... prises 2 à 2, donnent

$$ab \quad ac \quad ad... \qquad ba \quad bc \quad bd...$$
$$ca \quad cb \quad cd... \qquad da \quad db \quad dc...$$
$$\dots\dots\dots\dots\dots\dots\dots\dots$$

ou $m(m-1)$ arrangements *(Algèbre, n° 330)*. On a donc ici $A_2 = m(m-1)$. On trouve ensuite *(Alg., 331, 332, 333)*,

$$A_3 = m(m-1)(m-2);$$
$$A_4 = m(m-1)(m-2)(m-3);$$
$$A_5 = m(m-1)(m-2)(m-3)(m-4);$$
$$\dots\dots\dots\dots\dots\dots\dots\dots\dots$$
$$A_n = m(m-1)(m-2)\dots(m-\overline{n-1});$$
$$A_m = m(m-1)(m-2)\dots(m-\overline{m-1});$$
$$= m(m-1)(m-2)\dots\dots1;$$
$$= 1 . 2 . 3 . 4 . 5 \dots\dots m.$$

1589. Ces arrangements, dans lesquels toutes les lettres entrent à la fois, et sans répétition, se nomment *permutations* Ainsi, P désignant le nombre des permutations, nous aurons

$$P_2 = 1 . 2 = 2;$$
$$P_3 = 1 . 2 . 3 = 6;$$
$$P_4 = 1 . 2 . 3 . 4 = 24;$$
$$\dots\dots\dots\dots\dots\dots\dots$$
$$P_n = 1 . 2 . 3 . 4 . 5 \dots\dots n$$

(*) A_n, P_n, C_n, se lisent A *indice* n, P *indice* n, C *indice* n.

1590. Or, on passe évidemment des combinaisons aux arrangements en faisant dans chaque combinaison toutes les permutations possibles; donc C_n désignant le nombre des combinaisons n à n de m lettres, on a $A_n = P_n \times C_n$; d'où $C_n = \dfrac{A_n}{P_n}$

$$= \frac{m\,(m-1)\,(m-2)\,(m-3)\dots(m-\overline{n-1})}{1\ .\ 2\ .\ 3\ .\ 4\ .\ \dots\dots\ n}.$$

1591. Qu'appelle-t-on *arrangements* 2 à 2, 3 à 3, 4 à 4,.... d'un nombre quelconque de lettres ou d'objets?

1592. Qu'appelle-t-on arrangements *avec répétition?*

1593. Combien quatre lettres donnent-elles d'arrangements avec répétition, lorsqu'on les prend 2 à 2? — Quels sont-ils?

1594. Combien dix lettres, prises 3 à 3, donnent-elles d'arrangements avec répétition? — Comment cela?

1595. Combien m éléments, pris n à n, donnent-ils d'arrangements avec répétition? — Comment cela se fait-il?

1596. Combien de nombres différents de 1, 2, 3, 4, 5, 6, 7, 8, 9, 10 chiffres, admet notre système de numération?

1597. Qu'entend-on par arrangements *sans répétition?*

1598. Combien quatre lettres, prises 2 à 2, donnent-elles d'arrangements? — Quels sont-ils?

1599. Combien dix lettres, prises 4 à 4, donnent-elles d'arrangements? — Comment cela?

1600. Combien m éléments, pris n à n, donnent-ils d'arrangements? — Démontrer.

1601. Qu'appelle-t-on *permutations?*

1602. Combien cinq lettres donnent-elles de permutations?

1603. Combien 6, 7, 8, objets donnent-ils de permutations?

1604. Combien n lettres donnent-elles de permutations?

1605. Dans les permutations que donnent les quatre lettres a, b, c, d, combien y en a-t-il qui commencent par a? — par b? — par c? — par d?

1606. Parmi les permutations que donnent les cinq lettres
      a, b, c, d, e, combien y en a-t-il qui commen-
      cent par a ? — par ab ? — par abc ? — par $abcd$?

1607. Combien de nombres différents peut-on former avec
      les quatre chiffres 1, 2, 3, 4, chacun de ces nom-
      bres contenant les quatre chiffres donnés ?

1608. Ayant formé tous les nombres de cinq chiffres que
      peuvent donner les chiffres 1, 2, 3, 4, 5, dire
      combien de fois chacun de ces chiffres occupe le
      1er rang, le 2^d, le 3e, le 4e, le 5e ; puis, trouver
      la somme de tous ces nombres.

1609. Qu'appelle-t-on *combinaisons* ?

1610. Combien cinq lettres donnent-elles de combinaisons
      3 à 3 ? — Combien 4 à 4 ? — Démontrer.

1611. Combien six éléments donnent-ils de combinaisons
      2 à 2, 3 à 3, 4 à 4, 5 à 5 ? — Comment cela ?

1612. Combien m éléments donnent-ils de combinaisons
      2 à 2, 3 à 3, 4 à 4.... n à n ? — Comment cela se
      fait-il ?

1613. Un peintre a six couleurs avec lesquelles il veut faire
      des mélanges à parties égales, en les prenant suc-
      cessivement 2 à 2, 3 à 3, 4 à 4, 5 à 5, et toutes
      ensemble. Combien de mélanges divers peut-il
      former ?

1614. Un maître, qui a cinq chevaux dans son écurie,
      charge son groom d'en aller chercher trois, qu'il
      lui désigne par leurs noms. Chemin faisant, le
      groom oublie les noms et amène trois chevaux
      pris au hasard. Combien y a-t-il à parier contre 1
      qu'il se sera trompé, et que son maître se fâchera ?

1615. Un sac contient les 20 numéros, 1, 2, 3, 4,... 20 :
      quelqu'un, qui en tire 4, demande combien il doit
      parier contre 100 qu'il fera sortir un numéro dé-
      signé, 7, par exemple.

1616. Deux individus, A et B, font un pari : A dit qu'il
      trouvera 8 et 9 dans les 10 numéros qu'il se pro-
      pose de prendre au hasard dans le sac *(Voir N° pré-*

cédent); B soutient le contraire. Si A parie 1 fr.,
Combien B doit-il parier?

617. A parié de faire sortir 5, 6, 10, en tirant 8 numéros ;
B dit qu'il fera sortir 8, 10, 12, 20, en tirant
12 numéros. Lequel des deux parieurs a le plus
de chances? — Combien doit parier A si B parie
deux francs ?

618. Le tirage d'une loterie se fait par 5 numéros sur 90.
Combien 5 numéros présentent-ils d'extraits,
d'ambes, de ternes, de quaternes?

619. Combien 90 numéros forment-ils d'extraits, d'ambes,
de ternes, de quaternes ?

620. Quelle est la chance de gagner un extrait, un ambe,
un terne, un quaterne?

621. Si un individu, qui a fait une mise de 5 centimes,
gagne un extrait ou un ambe, combien la loterie
devrait-elle lui donner? — Combien lui donne-
t-elle?

622. Quelqu'un, qui a mis 20 centimes, gagne un terne,
combien lui doit-on? — Combien lui donne-t-on ?

623. Si je gagne un quaterne après avoir fait une mise de
10 centimes, combien me doit-on? — Combien
recevrai-je?

624. La loterie, le jeu en général, est-il un moyen de
s'enrichir? — Quelles sont les suites malheureuses
de la passion du jeu?

———

LIXe, LXe LEÇON.

—

LOIS DE MORTALITÉ ET DE POPULATION. (*)

1625. Qu'est-ce qu'une *loi de mortalité?*

1626. D'après la loi que nous adoptons *(Alg. 345)*, combien sur 1 000 000 d'individus nés au même instant, en reste-t-il de vivants après 10 ans? — 20 ans? — 30 ans? — 40 ans?

1627. Combien y en a-t-il qui atteignent 50 ans? — 60 ans? — 70 ans? — 80 ans? — 100 ans?

1628. Combien en meurt-il dans la 1re année?— dans la 2e? — dans la 3e? — dans la 6e? — dans la 10e?

1629. Combien en meurt-il dans la 15e année? — dans la 20e? — dans la 30e?

1630. Quelle est la probabilité qu'un individu de 10 ans parviendra à 30?

1631. Quelle est la probabilité de parvenir à 60 ans pour un individu âgé de 35 ans?

1632. Quelqu'un qui finit sa 44e année, demande quelle probabilité il a de mourir dans sa 45e.

1633. Quelle probabilité y a-t-il de mourir dans l'intervalle de 5 ans, pour un homme de 50 ans?

1634. Combien meurt-il d'individus dans leur 21e année, dans une localité où le nombre des naissances annuelles s'élève à 234?

(*) Voir notre *Arith. in-8°*, 933 à 945.

1635. Qu'est-ce que la *vie probable ?*

1636. Comment calculer la vie probable d'un individu dont l'âge est donné ?

1637. Calculer la vie probable d'un individu de 4 ans, — de 5 ans, — de 10 ans, — de 30 ans.

1638. Quelle est la vie probable d'une personne de 40 ans ? — de 50 ans ? — de 70 ans ?

1639. Qu'est-ce que la *vie moyenne ?*

1640. Comment calculer la vie moyenne d'un individu d'un âge donné ?

1641. Quelle est la vie moyenne à partir de la naissance ?

1642. Quelle est la vie moyenne à 2 ans ? — à 4 ans ? — à 6 ans ?

1643. Quelle est la vie moyenne à 90 ans ? — à 100 ans ?

1644. Qu'est-ce qu'une *loi de population ?*

1645. Sur une population de 10 000 000 d'habitants, combien, en France, y a-t-il d'individus qui ont 2 ans et au-dessus ? — qui ont 10 ans et plus ? — qui ont 40 ans et davantage ?

1646. Combien y en a-t-il qui n'ont pas encore atteint leur 10e année ? — leur 20e année ? — leur 30e année ?

1647. Supposé que la France contienne aujourd'hui 35 millions d'habitants, combien renferme-t-elle d'individus de 20 à 35 ans, c'est-à-dire, qui ont 20 ans accomplis et n'en ont pas encore 35 ?

1648. Si, dans une ville de 15 000 âmes, tous les enfants vont à l'école depuis l'âge de 5 ans jusqu'à l'âge de 12 ans, combien faudra-t-il d'instituteurs et d'institutrices, supposé que chaque école contienne 50 élèves, terme moyen, et que le nombre des garçons soit à celui des filles comme 17 est à 16 ?

1649. La France ayant 35 millions d'habitants, si l'on faisait une levée de tous les hommes qui ont 20 ans accomplis, sans en avoir encore 40, combien en fournirait-elle, supposé que sa population se compose d'autant d'hommes que de femmes ?

1650. Dans une ville où les naissances annuelles sont au

nombre de 456, combien d'individus sont dans leur 10e année? — dans leur 21e année? — dans leur 32e année? — dans leur 60e année?

1651. Quelle est la population d'un arrondissement où l'on compte annuellement 2 346 naissances?

1652. Quel est le nombre des naissances annuelles dans un département dont la population est de 523 450 habitants?

LXIᵉ LEÇON.

—

RENTES ET PLACEMENTS VIAGERS. (*)

1653. Qu'est-ce qu'une *rente viagère?* — un *placement viager?*

1654. Etant donné un capital a placé en viager, à t pour cent par an, trouver la rente b correspondante.

1655. Quel capital a faut-il placer à t pour cent par an pour se faire une rente viagère égale à b?

1656. Un individu de 40 ans place 20 000 fr. en viager : quelle rente se fait-il, si les intérêts sont calculés à 5 p. % par an?

1657. Combien un individu de 50 ans doit-il payer une rente viagère de 100 fr., l'intérêt étant calculé à 6 p. % par an?

1658. Une personne de 45 ans possède une somme de 30 000 fr. qu'elle place en viager ; quelle rente se fait-elle, l'intérêt étant à 5 p. % par an?

(*) Voir notre *Arithm.* in-8°, 933 et suivants.

1659. Un particulier de 66 ans a placé en viager 77 368 fr. à $4\frac{1}{2}$ p. $^o/_o$; combien doit-il toucher annuellement?

1660. Combien un individu de 23 ans doit-il acheter une rente viagère de 2000^f, l'intérêt étant à 6 p $^o/_o$ par an?

1661. L'intérêt étant à $5\frac{3}{4}$ p. $^o/_o$, quelle est la valeur d'une rente viagère de 1 200 fr., constituée sur une tête de 34 ans?

1662. L'intérêt étant à 5 p. $^o/_o$ par an, à quel âge une rente viagère de 1 000 fr. doit-elle se payer 10 000 fr.?

1663. Deux amis de 30 ans placent chacun 10 000 fr. en viager, avec cette condition qu'à la mort de l'un, sa rente sera reversible sur la tête de l'autre. Quelle sera la rente de chacun d'eux, l'intérêt étant calculé à 5 p. $^o/_o$ par an?

1664. Trois amis de 45 ans veulent constituer sur leurs têtes une rente viagère de 3000 fr., à condition qu'ils toucheront annuellement chacun 1000 fr., et que les rentes seront reversibles sur la tête du dernier vivant. Combien chacun d'eux doit-il verser, le taux annuel de l'intérêt étant $4\frac{3}{4}$?

1665. Quel doit être l'âge commun de cinq individus, qui, pour un capital de 50 000 fr., placé en viager, veulent toucher annuellement chacun 800 fr., avec cette condition que les rentes seront reversibles sur la tête du dernier vivant, sachant d'ailleurs que l'intérêt est à 6 p. $^o/_o$ par an?

1666. On place un capital de 5000 fr. sur la tête d'un enfant de 5 ans; combien devra-t-il recevoir à 25 ans, s'il atteint cet âge, le taux annuel de l'intérêt étant 5?

1667. L'intérêt étant à 6 p. $^o/_o$ par an, combien un individu de 32 ans doit-il placer immédiatement pour recevoir 20 000 fr., à 62 ans, s'il parvient à cet âge?

1668. L'intérêt étant à $4\frac{1}{2}$ p. $^o/_o$ par an, combien un individu de 60 ans doit-il placer immédiatement, pour que ses héritiers aient à toucher 9000 fr. à l'époque de son décès?

1669. Vingt individus de 50 ans placent chacun 5000 fr., avec ces conditions, que chaque année les intérêts seront répartis d'une manière égale entre les associés vivants, et qu'à l'âge de 70 ans, ils se partageront le capital. L'intérêt étant à 6 p. % par an, on demande 1° quelle sera probablement la recette de chaque associé à l'âge de 55 ans, de 60 ans et de 65 ans; 2° quelle sera la part de chacun à 70 ans.

1670. Cent individus de 20 ans placent en commun chacun 2000 fr. à 5 p. % par an. Ils posent pour conditions que la totalité des fonds restera à intérêt composé, et que les survivants s'en partageront la valeur à l'âge de 50 ans. Trouver 1° quelle sera probablement alors la part de chacun; 2° quel serait le capital à placer immédiatement au même taux 5, pour toucher au même âge une somme égale à cette part; 3° à quel taux les 2000 fr. de chaque survivant se trouveront placés.

LXIIIe LEÇON.

MANIÈRE DE METTRE LES PROBLÈMES EN ÉQUATION.

1671. Qu'est-ce que *mettre un problème en équation* ?

1672. Donnez-nous une règle pour mettre les problèmes en équation.

PROBLÈMES DÉTERMINÉS DU Ier DEGRÉ.

1673. Partager 100 fr. entre deux individus de manière que le premier ait 5^f,50 de plus que le second.

1674. On demande de trouver deux nombres dont la différence soit 8,24 et la somme 39.

1675. Deux nombres sont tels que le plus petit, augmenté de 45, devient égal au plus grand, et que la somme des deux est 200 : quels sont ces deux nombres?

1676. Deux nombres sont tels que le plus grand, diminué de 21, devient égal au plus petit, et que la somme des deux est 123 : quels sont ces deux nombres?

1677. Deux nombres sont tels que leur différence est égale au plus petit, et que la somme des deux est 369 : quels sont ces deux nombres?

1678. Si j'avais encore autant de francs que j'en ai, et 16 fr. de plus, j'en aurais 100 : combien ai-je?

1679. Si j'avais 123 fr. de plus, j'aurais le quadruple de ce que j'ai : combien ai-je?

1680. La somme de deux nombres est 23,45; leur quotient est 4 : quels sont ces deux nombres?

1681. La différence de deux nombres est 8,76; leur quotient est 5 : quels sont ces deux nombres?

1682. La somme de deux nombres est 333; le plus grand est triple du plus petit : quels sont ces 2 nombres?

1683. La différence de deux nombres est 654; le plus petit est le quart du plus grand : quels sont ces deux nombres?

1684. La différence de deux nombres est $32\frac{1}{2}$; le plus grand, diminué de ses deux cinquièmes, devient égal au plus petit : quels sont ces deux nombres?

1685. La somme de deux nombres est 444; le plus petit, augmenté de ses trois septièmes et de $4\frac{2}{5}$, devient égal au plus grand : quels sont ces deux nombres?

1686. Partager 65 en deux parties telles que leur quotient soit 3 : quelles seront ces deux parties?

1687. Partager 100 en deux parties telles que leur quotient soit aussi 100 : quelles seront ces deux parties ?

1688. En divisant l'un par l'autre deux nombres dont la somme est 380, on a 7 pour quotient et 4 de reste : quels sont ces deux nombres ?

1689. La différence de deux nombres est égale aux trois cinquièmes du plus grand, et la somme des deux est 99 : quels sont ces deux nombres ?

1690. La somme de deux nombres est 567, et en ôtant un cinquième du plus grand pour le mettre au plus petit, ils deviennent égaux : quels sont ces deux nombres ?

1691. La somme de deux nombres est s, leur différence est d : quels sont ces deux nombres ?

1692. La somme de deux nombres est s ; en multipliant le plus petit par n, on trouve le plus grand : quels sont ces deux nombres ?

1693. La différence de deux nombres est d ; la $n^{ième}$ partie du plus grand, ajoutée au plus petit, les rend égaux : quels sont ces deux nombres ?

1694. La différence de deux nombres est d ; en divisant le plus grand par le plus petit, on obtient δ pour quotient et r pour reste : quels sont ces deux nombres ?

1695. En multipliant un certain nombre par 5, on l'augmente de 124 : quel est ce nombre ?

1696. En augmentant un certain nombre de 369, ou en le multipliant par 10, on trouve le même résultat : quel est ce nombre ?

1697. En diminuant un certain nombre de 456, on obtient le même résultat qu'en le divisant par 9 : quel est ce nombre ?

1698. Trouver un nombre tel qu'en le multipliant par 6 et divisant le produit par 7, on ait $22\frac{1}{2}$.

1699. Trouver un nombre tel qu'en le divisant par $4\frac{1}{2}$, et multipliant le quotient par $\frac{5}{7}$, on ait 32.

1700. J'ai divisé un certain nombre par 7 ; ensuite, ayant ajouté ensemble le dividende, le diviseur et le quotient, j'ai trouvé 1 149 $\frac{6}{7}$ pour total : trouver le dividende et le quotient.

1701. Après avoir triplé un nombre, avoir divisé le triple par 7 et multiplié le quotient par 8, il se trouve que la cinquième partie du produit est égale à 31 : quel est ce nombre?

1702. On a donné 1240 fr. à un détachement de 400 hommes; les sous-officiers et les caporaux ont reçu chacun 4 fr., et les soldats 2^f,80 : combien y avait-il de soldats?

1703. La sixième partie de la somme que j'ai est égale à cette même somme diminuée de 123^f,45 : quelle somme ai-je?

1704. Trois individus se mettent au jeu et y perdent leur argent : les pertes du premier et du second montent à 18 fr.; celles du premier et du troisième montent à 23 fr.; celles du second et du troisième montent à 25 fr. Trouver la perte de chacun.

1705. La somme de deux nombres est 13 $\frac{1}{3}$, et en ajoutant ensemble la moitié du plus petit et le sixième du plus grand, on obtient le tiers du plus grand : quels sont ces deux nombres?

1706. La différence de deux nombres est 20; le sixième de l'un égale le cinquième de l'autre : quels sont ces deux nombres?

1707. Le produit de deux nombres est 720; si le plus grand était augmenté de 15, le produit serait 960 : quels sont ces deux nombres?

1708. Mon frère et moi avons chacun une certaine somme. Si je donne 1^f,50 à mon frère, nous aurons la même somme; mais s'il me donne 3 fr., j'aurai le double de ce qu'il lui restera : combien avons-nous l'un et l'autre?

1709. Un particulier avait une certaine somme. Après en avoir dépensé la moitié, perdu le tiers au jeu, donné le douzième aux pauvres, il lui reste 15 fr. : combien avait-il d'abord?

1710. Quel est le nombre dont la moitié, plus le tiers, plus le quart, plus le sixième, plus le douzième, donne 8?

1711. Un berger, interrogé combien il y a de moutons dans son troupeau, répond : « Si j'en avais encore la moi- » tié, et de plus le tiers et le sixième de ce que j'en » ai, j'en aurais 200. » — Combien de moutons dans son troupeau?

1712. Cinq joueurs, ayant eu dispute, se sont jetés sur l'argent du jeu. Le premier en a pris un cinquième; le second un sixième, le troisième un dixième, le quatrième, cinq douzièmes, et le cinquième a eu le reste montant à 3^f,50 : combien y avait-il d'argent sur le jeu?

1713. On veut partager 720 en trois parties, de manière que la première soit égale à la seconde plus 20, et que la seconde soit égale à la troisième moins 34 : quelles seront ces trois parties?

1714. Une armée ayant été défaite, on a reconnu que le quart des soldats était mort, que les deux cinquièmes avaient été faits prisonniers, et que 14 000 hommes, qui formaient le reste de l'armée, avaient pris la fuite : combien cette armée contenait-elle de soldats?

1715. Un propriétaire achète une maison et un jardin pour la somme de 60 000 fr.; la maison lui coûte le triple du jardin, moins 4 440 fr. : trouver le prix de l'un et de l'autre.

1716. Trois personnes ont ensemble 120 ans; la seconde a le double de l'âge de la première, moins 10 ans; la troisième a le triple de l'âge de la seconde, moins 20 ans. Trouver l'âge de chacune d'elles.

1717. Un joueur, ayant perdu la moitié de son argent, se remit à jouer et perdit la moitié de ce qui lui restait; il fit la même chose une troisième, puis une quatrième fois, après quoi il ne lui resta plus que 6 fr. : combien avait-il avant de commencer à jouer?

1718. Quel est le nombre dont la somme de la moitié, du tiers et des trois-quarts donne 100?

1719. Quel est le nombre dont la moitié, diminuée des deux cinquièmes du même nombre, donne 24 ?

1720. Quel est le nombre dont les trois quarts surpassent de 13 les deux tiers du même nombre ?

1721. Le carré d'un nombre est égal à 23 fois ce nombre ? quel est ce nombre ?

1722. Quel est le nombre qui, étant multiplié par 7, donne pour produit le tiers de son carré ?

1723. Quel est le nombre qui, étant divisé par 5, donne pour quotient le double de sa racine carrée ?

1724. Trois personnes ont acheté une maison qui leur a coûté 30 000 fr. La seconde a payé le double de la première, moins 2 000 fr. ; la troisième autant que la seconde, plus 7 000 fr. Combien chaque personne a-t-elle donné ?

1725. Vingt-cinq personnes, hommes et femmes, ont dîné ensemble ; chaque homme a payé 2 fr., chaque femme 1^f,45, et l'hôte a reçu 44^f,50. Combien y avait-il d'hommes et de femmes ?

1726. Deux hommes, trois femmes et sept enfants se partagent 39^f,29 : un homme doit avoir 90 centimes de plus qu'une femme, et une femme deux fois plus qu'un enfant, moins 22 centimes : trouver la part de chacun.

1727. J'ai perdu la moitié des deux tiers de mon argent ; il me reste encore 135^f,68 : combien avais-je ?

1728. Quatre héritiers ont à se partager le tiers et demi de 32 hectares : le second doit en avoir un hectare de plus que le premier ; le troisième, 3 hectares de moins que le second ; le quatrième, autant que le premier et le troisième ensemble, moins 5 hectares. Trouver la part de chacun.

1729. On a rempli en 12 minutes un vase contenant 60 litres, et, pour cela, on y a fait couler tour à tour deux fontaines : la première fournit 4 litres par minute, et la seconde 7. On demande pendant combien de temps chaque fontaine a coulé.

1730. Un particulier a pris pour 216 fr. de grains, moitié froment, moitié orge ; il a payé le froment 14 fr. l'hectolitre et l'orge 10 fr. : combien y a-t-il d'hectolitres de chaque grain ?

1731. On demande à un calculateur combien il a de francs en poche : « Ajoutez ensemble, répond-il, la moitié, » le tiers, le quart de ce que j'en ai, retranchez » 15 fr. de la somme, et vous aurez le nombre de- » mandé. » — Quelle somme a-t-il ?

1732. Partager 200 en deux parties qui soient entre elles :: 2 : 3.

1733. « Je te donne 5 fr., dit un père à son fils, tu les par- » tageras avec ton frère, de façon qu'il te reste » 24 centimes de plus qu'à lui » : quelle est la part de chacun ?

1734. Deux héritiers doivent se partager 69 hectares de terre, de manière que la part du second soit égale à celle du premier diminuée de son sixième : quelle sera la part de chacun ?

1735. Un père et son fils ont 58 ans à eux deux ; le père a 40 ans de plus que le fils : quel est l'âge de chacun ?

1736. Trois ouvriers ont fait 330 mètres d'ouvrage : le second en a fait 14 mètres de plus que le premier, et le troisième 32 de plus que le second : combien chacun d'eux a-t-il fait de mètres ?

1737. Partager 8 000 fr. entre trois personnes, de manière que la première en ait autant que la seconde moins 100, et que la seconde ait le tiers de la première, plus le quart de la troisième, et 240 fr. de plus.

1738. L'eau d'un bassin est fournie par trois tuyaux. Le premier le remplirait seul en 5 heures, le second en 8 heures, et le troisième en 12 heures. En combien de temps les deux premiers, coulant ensemble, rempliront-ils le bassin ? — En combien de temps les deux derniers ?—En combien de temps les trois ?

1739. Un bassin peut être rempli en $1^h 12^m$ par deux tuyaux qu'on ouvrirait en même temps ; il le serait en 3^h ¹

par le premier de ces tuyaux : en combien de temps le serait-il par le second?

1740. Un bassin reçoit l'eau par deux tuyaux : le premier le remplit en 30 heures, et le second en 20. Ce bassin a aussi un tuyau d'écoulement par lequel il peut se vider en 16 heures. Si les trois tuyaux sont ouverts à la fois, combien faudra-t-il de temps pour que le bassin se remplisse?

1741. Un bassin reçoit l'eau par deux tuyaux. Le premier le remplit seul en 16 heures, et le second en 20. Il a un tuyau d'écoulement au moyen duquel il se vide en 6 heures. Si les trois tuyaux sont ouverts à la fois, en combien de temps le bassin se videra-t-il?

1742. Une fontaine donne a litres d'eau par minute; une autre en donne b et une troisième c, dans le même temps. En combien de temps les trois fontaines, coulant ensemble, donneront-elles h hectolitres d'eau?

1743. Une source donne a litres en m minutes; une autre en donne b en n minutes, et une troisième c en p minutes : en combien de temps les trois sources, réunissant leurs eaux, en donneront-elles h hectol?

1744. Un bassin est alimenté par deux fontaines. La première le remplit en m heures, la seconde en n, et le tuyau d'écoulement le vide en p heures. Les deux fontaines versant simultanément leurs eaux dans le bassin, et le tuyau d'écoulement étant ouvert, trouver en combien de temps le bassin se remplira ou se videra, selon que le tuyau d'écoulement est plus faible ou plus fort que les deux fontaines réunies.

1745. Qu'arriverait-il si le tuyau d'écoulement *(Prob.* 1744*)* n'était ni plus fort ni plus faible que les deux fontaines réunies?

1746. Partager 400 en trois parties, de manière que la première soit à la seconde $:: 2 : 3$, et la seconde à la troisième $:: 5 : 8.$

1747. Trois héritiers ont 14 270 fr. à se partager. La part

du premier doit être à celle du second $::$ 3 : 4, et celle du second à celle du troisième $::$ 5 : 2. Quelle sera la part de chacun?

1748. Partager un nombre a en deux parties telles que la première soit à la seconde $::$ m : n.

1749. Partager un héritage a entre trois individus, de manière que la part du premier soit à celle du second $::$ m : n, et celle du second à celle du troisième $::$ m' : n'.

1750. Dans un tonneau de 20 hectolitres 80 litres, on veut mêler de l'eau avec du vin à 60 centimes le litre, de façon que le mélange revienne à 45 centimes le litre : combien faudra-t-il mettre d'eau par litre, et combien en entrera-t-il dans le tonneau?

1751. On a rempli un tonneau de 240 litres avec du vin à 2^f,60 et à 1^f,80 le litre, de manière que ce tonneau vaut maintenant 480 fr. Combien de litres de chaque espèce a-t-on mis?

1752. On a un tonneau de 500 litres dans lequel on a mis 64 litres de 1^f,80. On veut y mettre du vin à 1^f,20, de manière que le litre du mélange revienne à 1^f,40. Combien devra-t-on mettre de litres à 1^f,20?

1753. On a une pièce de 360 litres dans laquelle il y a 60 litres de vin à 1^f,50. Combien faut-il y ajouter de litres à 1^f,20 et à 60 centimes pour la remplir, et pour qu'elle vaille 360 francs?

1754. On a 72 litres à 1^f,50 et 28 à 1^f,20 : combien faut-il y en ajouter à 2 fr., pour que le litre du mélange revienne à 1^f,80?

1755. Un marchand a du noir animal à 10 fr., à 12 fr., à 14 fr., à 15 fr. et à 16 fr. l'hectolitre. Il veut en faire un mélange qui contienne 1000 hectolitres à 14^f,40 : combien doit-il en prendre de chaque prix, sachant qu'il en veut autant à 10 fr. qu'à 15 fr., mais trois fois plus à 14 fr., et 6 fois plus à 16 fr. qu'à 12 fr.?

1756. Combien faut-il mêler d'hectolitres de froment à 16 fr.

et d'hectolitres d'orge à 7 fr., pour que le mélange soit de 9f,60 l'hectolitre ?

1757. On veut faire un mélange qui contienne 80 hectolitres à 15 fr. : combien faut-il prendre d'hectolitres à 7 fr. et à 21f,60 ?

1758. Combien faut-il mêler de litres d'eau dans 80 litres de vin à 1f,20, pour que le mélange revienne à un franc ?

1759. J'ai acheté deux pièces de vin qui coûtent ensemble 228 fr. La première coûte 36 fr. de plus que la seconde, et elles contiennent chacune 240 litres. Quelqu'un m'en demande 351 litres à 50 centimes : combien de litres de chaque prix dois-je lui donner, pour que mon gain s'élève à 17f,55 sur les 351 lit. ?

1760. Un orfèvre a deux lingots contenant de l'or et de l'argent. Le premier, sur 100 grammes, en contient 95 d'or et 5 d'argent ; le second, sur 100 grammes, en contient 80 d'or et 20 d'argent. Il désire en faire un troisième lingot qui, sur 100 grammes, en contienne 90 d'or et 10 d'argent. Combien doit-il prendre des deux premiers lingots ?

1761. Un marchand a deux espèces de thé. La première lui revient à 14 fr., et la seconde à 18 fr. le kilogr. Il en fournit 100 kilogrammes à un de ses correspondants et reçoit pour son paiement 1932 fr. Combien y a-t-il de kilogrammes de chaque prix, sachant que, de cette manière, le marchand gagne 15 p. % sur son marché ?

1762. Un marchand vient d'acheter deux pièces d'eau-de-vie, contenant chacune 125 litres ; elles lui coûtent en tout 500 fr., et l'une lui coûte 125 fr. de moins que l'autre. Il trouve à en vendre immédiatement 120 litres à 3 fr. : combien doit-il en prendre de litres de chaque prix pour que son gain soit de 75 centimes par litre ?

1763. Un épicier a du café à 2 fr., à 2f,20, à 2f,50, à 2f,60, à 2f,80 et à 3 fr. le kilogramme. Il veut en composer un mélange de 100 kilogrammes à 2^f,75, de manière qu'avec un kilogramme à 2 fr., il y en ait deux à 2^f,20, et qu'avec 3 kilogrammes à 2^f,50, il y en ait quatre à 2^f,60, cinq à 2^f,80 et six à 3 fr. Combien doit-il prendre de kilogr. de chaque prix?

1764. Une cloche se compose de cuivre et d'étain dans le rapport de 39 à 11, puis de zinc et de plomb dans le rapport de 5 à 4. Combien doit-elle contenir de chacun de ces métaux, sachant qu'elle pèse 5 013$\frac{1}{2}$ kilogrammes, qu'elle coûte 15 842^f,66, non compris la main-d'œuvre, et que le kilogramme de cuivre coûte 2^f,70, celui d'étain 5 fr., celui de zinc 0^f,80, celui de plomb 1^f,20?

1765. Avec six lingots dont les titres sont 0,700... 0,740... 0,775... 0,810... 0,820... 0,960, on en veut former un septième dont le poids soit de 3 kilogrammes et le titre 0,800. Combien faut-il prendre de grammes de chacun des six premiers lingots, si l'on en veut un même nombre des trois premiers et un même nombre des trois derniers?

1766. Un propriétaire a récolté 90 milliers de très-bon foin qu'il vend 35 fr. le millier, et une certaine quantité de mauvais qui vaut 12 fr. le millier, mais qu'il ne peut vendre seul. Il se décide à faire passer une partie du mauvais dans le bon, et il demande combien il faut qu'il en mette avec les 90 milliers pour que le millier revienne à 30 fr.

1767. Si le centimètre cube d'or pèse 19,258 grammes et celui de cuivre 8,788, combien est-il entré de chacun de ces métaux dans un lingot de 1000 grammes, où l'or et le cuivre sont entrés en volume égal?

1768. Deux fontaines donnent 274 litres d'eau, la première coulant 3 heures et la seconde 2. Elles en donnent 286, lorsque la première coule 2 heures et la seconde 3. Combien de litres chaque fontaine donne-t-elle par jour?

1769. Combien faut-il ajouter d'argent à 9 grammes d'or,

combien faut-il ajouter d'or à 20 grammes d'argent, pour obtenir deux alliages de même valeur sous le même poids?

1770. Une marchandise vaut a la mesure, et une autre vaut b. Dans quelle proportion doit-on les mélanger pour que la mesure revienne à c?

1771. On a du vin de a et de b centimes le litre : combien faut-il en prendre de chaque prix pour former un mélange de n litres valant c centimes le litre ?

1772. On a du blé de quatre prix différents a, b, c, d fr. l'hectolitre. Combien faut-il en prendre d'hectolitres de chaque prix pour en faire un mélange de n hectolitres, valant m francs l'hectolitre, sachant qu'avec f hectolitres du prix a on en veut g du prix b, et qu'avec h hectolitres de c on en veut k de d?

1773. On a de l'or aux titres a, b, c millièmes, combien faut-il en prendre de chaque titre pour en composer un lingot pesant n grammes au titre d millièmes, sachant qu'on en veut prendre m fois plus du troisième titre que du premier?

1774. On a a litres d'une liqueur valant n centimes le litre : combien faut-il y en ajouter à b centimes, pour que le litre revienne à m centimes?

1775. Cinquante ouvriers, qui gagnent chaque jour autant les uns que les autres, ont reçu une certaine somme pour quinze jours de travail. S'ils avaient reçu 225 fr. de plus, ils eussent gagné 5 fr. par jour : quel a été le prix de la journée?

1776. Quatre associés ayant mis dans leur commerce une égale somme, ont fait un gain de 10 500 fr.. Le premier a laissé son argent 27 mois dans la société ; le second l'y a laissé 2 ans, le troisième 18 mois, et le quatrième 15 mois. Trouver le bénéfice de chacun.

1777. On a payé 68 400 fr. pour gratification à 315 officiers, tant capitaines que lieutenants. Les capitaines ont reçu chacun 400 fr., et les lieutenants 160 fr. Combien y en avait-il de chaque grade?

1778. Quelqu'un, ayant placé 25 000 fr, partie à 5, partie à 7 p. %, s'est fait une rente de 1 550 fr. : quel est le montant de chacune des deux sommes qu'il a placées?

1779. On a un vase qui contient 66 litres ; on l'a empli en 32 minutes, au moyen de deux fontaines qu'on y a fait couler alternativement. La première fournit 3 litres d'eau par minute, et la seconde 2 : pendant combien de minutes chacune des deux fontaines a-t-elle coûlé?

1780. On a expédié un courrier de Paris pour porter des ordres à Toulouse ; ce courrier fait 12 kilomètres à l'heure. Dix-huit heures après son départ, des circonstances imprévues, exigeant d'autres ordres, on expédie un second courrier qui doit rattrapper le premier pour lui donner de nouvelles instructions : ce second courrier ne sera que 3 minutes à faire un kilomètre. A quelle distance de Paris la jonction se fera-t-elle?

1781. Un ivrogne va dans un cabaret avec une certaine somme, et, après y avoir dépensé 5 fr., il va dans un autre, emprunte autant d'argent qu'il lui en reste, et dépense encore 5 fr. ; il va dans un troisième, puis dans un quatrième cabaret, fait un emprunt semblable et la même dépense; puis, ayant perdu 3 fr. au jeu, il ne lui reste plus rien. Combien avait-il d'abord?

1782. De deux ouvriers qui travaillent ensemble, le premier gagne par jour un tiers de plus que le second. Au bout d'un certain temps, le premier qui a travaillé six jours de plus que le second, reçoit 96 fr., et le second 54. Trouver le prix de la journée de chacun.

1783. « Chaque fois qu'on doublera mon argent, disait un » bonhomme, je donnerai 6 fr. aux pauvres. » Quelqu'un lui double quatre fois son argent, il donne autant de fois 6 fr., et il ne lui reste plus rien. Combien avait-il d'abord?

1784. Une paysanne vient au marché avec un panier d'œufs frais. Une cuisinière lui achète la moitié de son panier et demande la moitié d'un œuf par-dessus le marché, ce que la marchande lui accorde. Un moment après, arrive une autre personne qui lui achète la moitié de son reste et reçoit aussi la moitié d'un œuf par-dessus. Enfin, arrive une troisième personne qui achète la moitié du second reste et reçoit, comme les autres, la moitié d'un œuf par-dessus, après quoi le panier est vide. Combien cette paysanne avait-elle d'œufs ?

1785. Si la première personne achète la $n^{ième}$ partie du panier, et que la marchande accorde a œufs par-dessus le marché; que la seconde achète la $n^{ième}$ partie du reste et reçoive a œufs de plus; que la troisième achète la $n^{ième}$ partie du second reste et reçoive aussi a œufs par-dessus : s'il ne reste plus rien dans le panier, combien la paysanne avait-elle d'œufs ?

1786. Un berger, menant paître son troupeau en temps de guerre, rencontre successivement trois compagnies de soldats. La première lui prend la moitié de son troupeau, plus une demi-brebis; la seconde lui prend la moitié de son reste, plus une demi-brebis; la troisième lui prend la moitié de son second reste, plus une demi-brebis. Après tout cela, le berger a encore 25 brebis : combien en avait-il d'abord ?

1787. L'aiguille des heures d'une montre étant sur 8 heures, celle des minutes est sur midi : à quel instant les deux aiguilles marqueront-elles le même point entre 8 et 9 heures ?

1788. Un père laisse par testament la moitié de son bien à son fils, le tiers à sa fille, et sa veuve, qui a le reste, reçoit 10 000 fr. Trouver l'héritage, la part du fils et celle de la fille.

1789. Deux courriers vont dans le même sens : le premier,

qui a une avance de 100 myriamètres, fait 3 myriamètres en 5 heures ; le second fait 5 myriamètres en 4 heures. Combien le second courrier fera-t-il de myriamètres pour joindre le premier ?

1790. Pierre dit à Paul : « Il y a 7 ans que j'avais le triple » de votre âge, et dans 7 ans j'aurai précisément » le double de votre âge. » Trouver l'âge actuel de l'un et de l'autre.

1791. Je dois 26 fr., et je veux payer ma dette en donnant 10 pièces, les unes de 5 fr., les autres de 2 fr. Combien donner de pièces de chaque valeur ?

1792. Un père, interrogé sur l'âge de son fils, répond : « Mon âge est triple de celui de mon fils, et il y a » 12 ans qu'il en était le quintuple. » Trouver l'âge du père et celui du fils.

1793. Trois personnes, qui ont mis en société chacune une somme égale, ont gagné 1200 fr. La mise de la première est restée 7 mois dans la société, celle de la seconde y est restée 6 mois, et celle de la troisième un an. Trouver le bénéfice de chaque personne.

1794. Dans une ville assiégée il y a quatre moulins : le premier peut moudre quatre sacs par jour, le second sept, le troisième neuf, et le quatrième douze. Combien seront-ils de jours à moudre 880 sacs de grains, et combien devra-t-on distribuer de sacs à chaque moulin, à proportion de ce qu'il peut moudre ?

1795. Quelqu'un, interrogé sur l'heure qu'il est, répond : « Les deux aiguilles de ma montre sont l'une sur » l'autre entre 4 et 5 heures. » Quelle heure précise indique cette montre ?

1796. Trois personnes ont gagné en société 628 fr. Les deux premières ont mis 732 fr. ; la seconde et la troisième ont mis 976 fr. ; la première et la troisième ont mis 864 fr. Trouver le gain de chaque associé.

1797. Quelqu'un, qui doit une certaine somme, offre en

paiement un secrétaire ou une bibliothèque : la valeur de ces deux objets est de 1200 fr. Or, s'il donne la bibliothèque, on devra lui rendre 100 fr.; mais s'il donne le secrétaire, il devra ajouter 64 fr. Trouver la dette et la valeur de chaque meuble.

1798. Quatre ouvriers, qui ont travaillé ensemble, reçoivent 630 fr. pour un ouvrage qu'ils ont fait. Trouver ce qu'il revient à chacun, sachant que le premier y a travaillé 20 jours, le second 32, le troisième 36, le quatrième 52.

1799. On veut partager $123^f,40$ en quatre parties qui soient entre elles comme les nombres 1, 2, 3, 4. Trouver ces parties.

1800. Trois personnes ont 8000 fr. qu'elles se doivent partager proportionnellement à leurs âges. La première est âgée de 20 ans, la seconde de 25, la troisième de 35. Trouver la part de chacune.

1801. Quatre personnes se sont partagé une certaine somme. Les portions étant entre elles comme les nombres 5, 6, 8, 12, et la plus petite étant 250 fr., trouver la somme partagée.

1802. Quatre nombres sont entre eux comme 3, 5, 7, 11, et la somme des deux premiers est 136 : quels sont ces quatre nombres ?

1803. Quatre nombres sont entre eux comme 2, 3, 5, 6, et la différence entre le premier et le quatrième est égale à l'unité. Quels sont ces quatre nombres ?

1804. Trois ouvriers ont fait un ouvrage et ont reçu pour salaire une somme qu'ils ont partagée entre eux, de façon que la part du premier est à celle du second comme 8 est à 9, et celle du second à celle du troisième comme 3 est à 4 : trouver la part de chacun, sachant que la première et la troisième part réunies montent à 600 fr.

1805. Quatre personnes ont 1000 fr. à se partager. D'après leurs conventions, quand la première prendra 2 fr., la seconde en prendra 3; quand la seconde en prendra 4, la troisième en prendra 5 ; enfin, quand la troisième en prendra 7, la quatrième en prendra 10. Quelle sera la part de chacune ?

1806. On veut partager une somme a en trois parties qui soient entre elles comme m, n, p : quelles seront ces trois parties ?

1807. On désire partager une quantité a en trois parties telles que la première soit à la seconde comme m est à n, et que la seconde soit à la troisième comme p est à r. Quelles seront ces trois parties ?

1808. On a partagé une certaine somme en quatre parties qui sont entre elles comme m, n, p, r : sachant que la somme de la seconde et de la quatrième est s, on demande la somme partagée.

1809. Une certaine somme a été divisée en quatre parties telles que la première est à la seconde comme m est à n, la seconde à la troisième comme p est à r, la troisième à la quatrième comme s est à t ; trouver la somme partagée, sachant que la première surpasse la seconde de d.

1810. On m'a triplé trois fois mon argent ; à chaque fois j'ai donné 4 fr., et maintenant j'ai 20 fr. : combien avais-je ?

1811. Un fils dit à son père : « J'ai dans ma bourse une » somme telle que, si vous me la doublez 4 fois, » et qu'à chaque fois je vous donne 10 fr., il me » restera 30 fr. » Le père lui répond : « La somme » que j'ai dans la mienne est telle que, si tu me la » doubles 4 fois, et qu'à chaque fois je te donne » 20 fr., il ne me restera que 10 fr., et cependant » je ne changerais pas avec toi. » Combien ont-ils l'un et l'autre ?

1812. Une marchande de fruits a un panier de poires qu'elle vend à quatre personnes différentes. La première en prend la moitié et reçoit une poire par-dessus le marché ; la seconde prend la moitié du reste et reçoit aussi une poire de plus ; la troisième prend la moitié du second reste, et une poire de plus; la quatrième, ayant pris la moitié du troisième reste, et une poire de plus, il en reste 4 dans le panier : combien y en avait-il d'abord?

1813. Un jeune garçon, ayant pris des pommes dans un jardin, s'en allait bien tranquillement, lorsqu'il rencontra sur sa route trois individus qui l'arrêtèrent et lui demandèrent ses pommes. Le premier lui en prit la moitié, puis la moitié du reste; le second prit la moitié de ce qui restait, puis la moitié du reste; le troisième, ayant ainsi opéré sur ce qu'il trouva, laissa quatre pommes au voleur : combien de pommes avaient été volées?

1814. « Si je multipliais par 7 les $\frac{4}{9}$ du nombre de mes » élèves, le produit serait 252 », disait un instituteur. Combien cet instituteur avait-il d'élèves?

1815. « Si l'on me retranchait le tiers et le neuvième de » ma pension, disait un vétéran, on me ferait tort » de 96 fr. par an. » De combien était sa pension?

1816. Deux héritiers ont 12 000 fr. à se partager : combien chacun en recevra-t-il, sachant que les deux tiers de la part du premier font autant que les trois quarts de celle du second?

1817. Un bourgeois vend sa maison le double de son jardin, et 524 fr. de plus; puis, une de ses terres le quintuple de sa maison, moins 678 fr. Trouver la valeur du jardin, sachant que les trois objets ensemble montent à 100 000 fr.

1818. Un écolier, ayant perdu le tiers, le quart et le cinquième de ses bons points, en a encore 260 : combien en avait-il d'abord?

1819. Trois ouvriers ont gagné 432 fr. Le maître doit avoir 12 fr. de plus que le compagnon, et l'apprenti 36 fr. de moins que le maître. Trouver la part de chacun.

1820. Un brick, étant parti de Brest, a déjà fait 90 kilomètres, lorsqu'une corvette, qui doit faire le même trajet, part du même port. Trouver à quelle distance de Brest le brick sera rejoint, s'il fait 15 kilomètres par heure, et la corvette 20.

1821. Un père et son fils ont un ouvrage que l'un ferait en 72 jours, et l'autre en 48. Combien mettront-ils de jours s'ils y travaillent conjointement?

1822. Un père, interrogé sur son âge et sur ceux de ses deux fils, répondit : « Mon âge égale ceux de mes » deux enfants; le plus jeune a 16 ans, et l'aîné a » l'âge de son frère, plus la moitié du mien. » Trouver l'âge du père et celui de son fils aîné.

1823. Le maître d'un fainéant lui dit : « Chaque jour » que tu travailleras, tu auras 5 fr.; mais tu » m'en donneras 2 les jours d'oisiveté. » L'individu, ayant accepté les conditions, reçut 24 fr. au bout de 30 jours. Combien de jours a-t-il passés à l'ouvrage?

1824. Un maître fait marché avec un ouvrier en lui disant : « Je te donnerai 3 fr. par jour quand tu travailleras, » et toi, tu m'en donneras 5 chaque jour que tu » chômeras. » Or, il arrive qu'au bout de 45 jours, il n'a rien à recevoir ni à donner : combien, dans cet intervalle, l'ouvrier a-t-il travaillé de jours?

1825. Un maître convient de donner 1f,20 à son ouvrier tous les jours que celui-ci se tiendra à l'ouvrage; l'ouvrier convient d'autre part de donner 1f,70, dommages-intérêts à son maître, chaque jour qu'il ne travaillera pas. Or, il arrive qu'au bout de 100 jours l'ouvrier doit 112 fr. au maître. Trouver le nombre de jours de travail?

1826. Un chapelier dit que s'il donne ses chapeaux à 3 fr., il perdra 100 fr. dessus; mais les ayant vendus 5 fr., il a gagné 1000 fr. Combien en a-t-il vendus, et quelle somme a-t-il touchée?

1827. Deux pensionnaires reçoivent chaque mois une égale somme. Le premier épargne le tiers de ce qu'il reçoit; le second, qui dépense chaque mois 6 fr. de plus que le premier, se trouve endetté de 12 fr. à la fin du troisième mois. Combien reçoivent-ils chacun par mois ?

1828. Une mère se met en devoir de distribuer un certain nombre de poires à ses enfants, et lorsqu'elle en donne 10 à chacun, il lui en reste 90 ; mais, pour en donner 22 à chacun, il lui en manque 54. Trouver le nombre des enfants.

1829. Un négociant confie sa fortune à l'un de ses commis en lui disant : « Chaque fois que tu la doubleras, » tu prendras 100 000 fr. » Le commis double trois fois de suite la fortune du maître, et celui-ci se trouve entièrement ruiné. Trouver de combien était riche le négociant au moment de cette singulière convention.

1830. Un père promet 15 dragées à son fils chaque jour qu'il ne sera pas puni à l'école ; et l'enfant, de son côté, s'engage à en rendre 7 les jours où il le sera. Après 30 jours, le compte est réglé, et l'enfant reçoit 296 dragées : combien de jours a-t-il été sage ?

1831. Un enfant, ayant acheté trois oranges, dit qu'elles coûtent ensemble au-delà de 10 centimes, autant que quatre au même prix, lui coûteraient ensemble au-dessus de 18 centimes. Combien lui coûte une orange ?

1832. Étienne a 7 ans et son frère aîné 25. Trouver dans combien de temps l'aîné n'aura plus que le double de l'âge de son jeune frère, et quel sera l'âge de l'un et de l'autre à cette époque.

1833. Partager 1 234 fr. en quatre parties telles que la première soit la moitié de la seconde, que la seconde soit les deux tiers de la troisième, et celle-ci les trois quarts de la quatrième.

1834. Pierre dit à Paul : « Si je te donne 5 de mes pièces, » nous en aurons autant l'un que l'autre ; et si tu » m'en donnes 10 des tiennes, j'en aurai le quadruple de ce qu'il t'en restera » Combien de pièces ont-ils chacun ?

1835. On a deux vases et un seul couvercle pour les deux.

Le couvercle, du prix de 30 fr., mis sur le premier vase, le fait valoir autant que le second ; mais mis sur le second, il le fait valoir le triple du premier. Trouver le prix de chaque vase.

1836. Une fruitière dit avoir vendu la moitié d'une caisse d'oranges, plus 8 oranges, et que son reste est égal aux $\frac{2}{7}$ de la caisse, plus 7 oranges. Combien la caisse en contenait-elle ?

1837. Pierre et Jean avaient ensemble 108 fr. ; Pierre a dépensé le tiers de ce qu'il avait, et Jean le quart ; la somme de leurs dépenses monte à 32 fr. Trouver combien ils avaient l'un et l'autre, et combien chacun a dépensé.

1838. Une personne charitable, voulant faire l'aumône à un certain nombre de pauvres, compte son argent et trouve que, pour donner 20 centimes à chaque pauvre, il lui manque 10 centimes ; elle se détermine à ne donner que 15 centimes à chacun, et de cette manière il lui restera 25 centimes. Trouver le nombre de pauvres.

1839. Un père, partageant son bien entre ses enfants, donne 1000 fr. au premier, plus le neuvième du reste ; 2000 fr. au second, plus le neuvième de ce qu'il reste, après qu'on a ôté la part du premier et 2000ᶠ ; il donne 3000 fr. au troisième, plus le neuvième de ce qu'il reste, après qu'on a ôté les deux premières parts et 3000 fr. Il continue ainsi jusqu'au dernier, et il arrive que toutes les parts sont égales. Trouver le bien du père, le nombre des enfants et la part de chacun.

1840. Un père ordonne par son testament que l'aîné de ses enfants ait une somme a sur son bien, plus la $n$ième partie du reste ; le second, une somme $2a$, plus la $n$ième partie de ce qui restera, après qu'on aura ôté la première part et $2a$; le troisième, une somme $3a$, plus la $n$ième partie de ce qui restera, après qu'on aura ôté les deux premières parts et

3 a; et ainsi de suite. Si les enfants sont également partagés, on demande le bien du père, le nombre des enfants et la part de chacun.

841. Un berger, interrogé sur le nombre de ses moutons, répondit : « Si, par mois, je recevais six centimes » par mouton, je paierais mes dépenses, et il me » resterait chaque année 14 francs pour mes menus » plaisirs; mais, ne recevant que 5 centimes, je » m'endette de 2^f,50 chaque trimestre. » Trouver le nombre de ses moutons et sa dépense annuelle.

842. Quatre jeunes écoliers se partagent un panier contenant 121 poires. Le premier en prend un certain nombre; le second en prend le double; le troisième, autant que la moitié du premier et du second réunis; alors, il en reste au quatrième une de plus que le troisième n'en a pris. Trouver la part de chacun.

843. On a partagé un nombre en trois parties qui sont entre elles comme les nombres 5, 7, 2; la première partie surpasse la troisième de 23. Trouver le nombre partagé, ainsi que chacune des trois parties.

844. Diophante, l'auteur du plus ancien livre d'algèbre qui nous reste, passa dans l'enfance le sixième du temps qu'il vécut, et un douzième dans l'adolescence; ensuite il se maria et passa dans cette union le septième de sa vie augmenté de 5 ans, avant d'avoir un fils auquel il survécut de 4 ans, et qui n'atteignit que la moitié de l'âge où son père est parvenu. Quel âge avait Diophante lorsqu'il mourut?

845. Un père veut par son testament que ses trois fils partagent son bien de la manière suivante : l'aîné aura 3000 fr. de moins que la moitié de tout l'héritage; le second, 2400 fr. de moins que le tiers de tout le bien, et le troisième, 1800 fr. de moins que le quart. Trouver l'héritage entier et la part de chacun des enfants.

846. Un père laisse quatre fils qui partagent son bien de la manière suivante : le premier prend la moitié

de l'héritage moins 6 000 fr.; le second prend le tiers moins 2 000 fr.; le troisième prend exactement le quart du bien, et il reste au quatrième 1 200 fr., plus la cinquième partie de tout le bien. Trouver le bien du père et la part de chacun des enfants.

1847. J'ai acheté du drap à raison de 21 fr. pour 5 mètres; je l'ai revendu à raison de 33 fr. pour 7 mètres, et j'ai gagné 300 fr. sur le tout. Combien y avait-il de mètres de drap?

1848. Quelqu'un achète 12 pièces de drap pour 4 200 fr. Deux sont blanches, trois sont noires et sept sont bleues. Une pièce de drap noir coûte 60 fr. de plus qu'une pièce de drap blanc, et une pièce de drap bleu coûte 90 fr. de plus qu'une noire. Trouver le prix d'une pièce de chaque couleur.

1849. Un banquier a deux espèces de monnaies : il faut a pièces de la première pour faire 100 fr.; il faut b pièces de la seconde pour faire la même somme. Quelqu'un vient lui en demander c pour la même somme de 100 fr. : Combien le banquier lui donnera-t-il de pièces de chaque valeur pour le satisfaire?

1850. Trouver deux nombres qui soient entre eux comme 7 et 13, et tels qu'augmentés de 5, ils soient entre eux comme 2 et 3.

1851. Un marchand, ayant acheté des marchandises, les revend 816 fr. de plus qu'il ne les avait payées, et de cette manière il gagne 12 p. % : combien lui coûtaient-elles?

1852. Combien faut-il allier de cuivre à un lingot d'argent au titre de 0,900 et pesant 2 kilogrammes et demi, pour que le titre ne soit plus que 0,750?

1853. Il existe deux nombres qui sont entre eux comme 2 et 3, et dont le produit contient 36 fois la différence : quels sont ces deux nombres?

1854. De Paris à Lyon il y a 466 kilomètres. Deux courriers partent en même temps, l'un de Paris pour Lyon et faisant 9 kilomètres par heure ; l'autre part de Lyon pour Paris, faisant 11 kilomètres par heure. A quelle distance de Paris, à quelle distance de Lyon se rencontreront-ils ?

1855. Deux voyageurs A et B partent en même temps de deux villes V et V', et vont à la rencontre l'un de l'autre. A fait a kilomètres par heure ; B en fait b. A quelle distance de V, à quelle distance de V' se rencontreront-ils, s'il y a k kilomètres de V à V' ?

1856. Quelle serait la distance (1855), si A était parti h heures avant B ?

1857. Je sais avoir trouvé deux nombres dont la différence, la somme et le produit sont respectivement comme 68, 72, 35 : quels sont-ils ?

1858. J'en connais quatre autres dont la somme est 62, et qui, disposés convenablement, sont en progression par différence : quels sont ces quatre nombres, sachant que la raison de la progression est 5 ?

1859. Deux amis veulent acheter une petite propriété ; mais l'un ne pourrait en payer que le quart, et l'autre que le cinquième ; de plus, en réunissant leur avoir, il leur manquerait encore 12 650 fr. Trouver l'avoir de chacun et la valeur de la propriété.

1860. Quel est le nombre qui est tel qu'en le divisant tour à tour par a et par b, on ait c pour la somme des deux quotients ?

1861. Trois cantons, A, B, C, sont frappés d'une contribution de 10 000 fr., qu'ils doivent fournir proportionnellement à leurs populations respectives. La population de A est à celle de B :: 2 : 3; celle de B est à celle de C :: 8 : 13. Combien chaque canton devra-t-il fournir ?

1862. Quatre créanciers, A, B, C, D, ont à se partager une somme a. La créance de A est à celle de B comme a est à b ; celle de B est à celle de C comme

a' est à b', et celle de C est à celle de D comme a'' est à b''. Trouver ce qui revient à chacun.

1863. Un rentier, ayant placé la moitié de ses fonds à $4\frac{1}{2}$ p. %, le cinquième à 5, et le reste à 6 p. %, s'est fait un revenu de 2 020 fr. : combien a-t-il placé en tout ?

1864. Quelqu'un, qui a placé la $m^{\text{ième}}$ partie de ses fonds à t p. %, la $m^{\text{ième}}$ partie à u, et le reste à v p. %, s'est fait une rente de r francs : combien a-t-il placé ?

1865. « Je pense un nombre, » dit A : « Multipliez-le par 5, » dit B : « ôtez 10 du produit ; divisez le reste par 3 ; » ajoutez 6 au quotient, et divisez la somme par 4. » Tout ayant été exécuté, A répond qu'il a 9 pour résultat, et ajoute : « Devinez quel nombre j'ai pensé. »

1866. Une armée partie n jours après une autre, suit ses traces pour l'atteindre, et pour cela, elle fait a kilomètres par jour, pendant que l'autre en fait b : après combien de jours de marche aura-t-elle opéré sa jonction ?

1867. Je place en même temps 6 000 fr. à 5 p. % et 7 000 fr. à 4 p. % : dans combien d'années ces deux capitaux, joints à leurs intérêts simples, seront-ils égaux ?

1868. Dans un petit voyage, j'ai remarqué qu'une des roues de derrière de notre voiture a fait 12 345 tours de moins qu'une des roues de devant : trouver la distance parcourue, sachant que les circonférences des deux roues sont de $1^m,75$ et $2^m,50$.

1869. Combien faut-il ajouter à 20 et à 35, ou combien faut-il retrancher de chacun de ces nombres, pour que les deux sommes ou les deux restes soient entre eux comme les nombres 8 et 9 ?

1870. En général, soient a et b deux nombres : de combien faut-il les augmenter l'un et l'autre, ou les diminuer l'un et l'autre, pour qu'ils soient entre eux comme les nombres m et n ?

1871. J'ai une voiture dont je veux me défaire en la mettant en loterie. Si le billet est de 3 fr., je perdrai 315 fr.; mais je gagnerai 580 fr., si chaque billet est de 4 fr. Combien ai-je fait de billets et quelle est la valeur de la voiture?

1872. « Y a-t-il bien 20 000 mètres d'ici à tel endroit? » demandait un voyageur : « Non, » lui répondit-on ; « mais si vous augmentez cette distance de son » quart et de son cinquième, puis, que vous multipliiez la somme par 2, le produit, diminué de » 6 800 mètres, sera autant au-dessus de 20 000 » que la distance demandée est au-dessous. » Trouver cette distance.

1873. Quelqu'un emploie deux ouvriers au même prix. Le premier, pour 35 jours de travail, reçoit $22^f,50$ et deux demi-hectolitres de blé; le second, pour 43 journées, reçoit $19^f,50$ et trois demi-hectolitres de blé. Trouver le prix de la journée de travail et celui du demi-hectolitre de blé.

1874. Une paysanne porte au marché des œufs qu'elle se propose de vendre 5 centimes pièce; mais il lui arrive d'en casser cinq. Alors elle se décide à en demander 6 centimes; or, si elle peut les vendre 6 centimes pièce, elle gagnera 5 centimes sur ce qu'elle s'était d'abord proposé. Combien avait-elle d'œufs?

1875. Un père a six fils : chacun a 4 ans de plus que son frère puîné, et l'aîné a trois fois l'âge du plus jeune. Trouver l'âge de chacun.

1876. Un rentier place une certaine somme à 6 p. %, intérêt simple. Au bout de 10 ans, il ne manque plus à cet intérêt que 2 400 fr. pour égaler le capital. Combien avait-il placé?

1877. J'ai placé une certaine somme à t p. % par an, intérêt simple. Je calcule qu'après n années, il ne manquera plus que a francs à l'intérêt pour égaler le capital. Quelle somme ai-je placée?

1878. On se propose de partager 40 en deux parties telles que l'une prise cinq fois, ajoutée à l'autre prise trois fois, donne 168.

1879. Partager a en deux parties telles que m fois la première, plus n fois la seconde, donne k.

1880. Partager 1000 en deux parties telles que, si l'on ôte le tiers de l'une du quart de l'autre, on obtienne 110 de reste.

1881. Partager un nombre a en deux parties telles que, si de la $n^{ième}$ partie de la première on ôte la $m^{ième}$ partie de la seconde, on ait un reste égal à r.

1882. Trouver deux nombres ayant 5 pour différence, et 75 pour différence de leurs carrés.

1883. La différence de deux nombres est m; la différence de leurs carrés est n : quels sont ces deux nombres ?

1884. Il existe deux nombres dont le plus petit est le tiers du plus grand; et si on les multiplie l'un et l'autre par 5, la somme des produits est égale à celle des carrés de ces nombres. Trouver les deux nombres qui jouissent de ces propriétés.

1885. On demande deux nombres dont le plus grand soit m fois le plus petit, et qui, pris chacun n fois, donnent la somme de leurs carrés.

1886. Un rentier place 17 600 fr., partie à 5, partie à 6 p. %, intérêt simple; et au bout de 15 ans, les intérêts monteront à 16 200 fr. Combien a-t-il placé à chaque taux ?

1887. Un particulier, ayant placé un capital a, partie à t, partie à t' p. %, calcule qu'après n années, les intérêts simples monteront à la somme b. Combien a-t-il placé à t, combien à t' p. % ?

1888. Vingt-cinq hectares de terre sont affermés 1 520 fr. ; mais, comme ils ne sont pas également bons, la première qualité est louée 80 fr., et la seconde 50 fr. l'hectare. Combien y a-t-il d'hectares de chaque qualité ?

1889. On loue *a* ouvriers qui coûtent *b* francs par jour ; mais, comme ils ne sont pas également habiles, les uns reçoivent *m* et les autres *n* pour leur salaire journalier. — Combien y en a-t-il à chaque prix ?

1890. Une personne prend un domestique pour un an, à condition de lui donner 120 fr. et un habit, dont ils fixent ensemble la valeur. Au bout de 7 mois, le maître, mécontent de son domestique, le congédie en lui laissant son habit et lui donnant en outre 50 fr. en argent, ce qui était tout ce qui lui revenait pour ses 7 mois de service. Trouver la valeur de l'habit.

1891. Une personne charitable distribue 12 fr. à 40 mendiants, en donnant 15 centimes aux uns et 40 cent. aux autres. Trouver le nombre des uns et des autres.

1892. Un général, disposant son armée en rangs et files, et en forme de carré, trouve qu'il a 60 hommes de trop ; mais, ayant voulu mettre un homme de plus sur le côté du carré, il trouve qu'il lui en manque 68. Quel est le nombre de ses soldats ?

1893. On a de l'eau de mer qui, sur 32 kilogrammes, contient 24 hectogrammes de sel ; combien faut-il y mêler d'eau douce pour que, sur 32 kilogrammes, elle ne contienne plus que 8 hectogrammes de sel ?

1894. J'ai deux tonneaux contenant chacun une certaine quantité de vin. Si j'en prends 80 litres du premier pour les mettre dans le second, et 80 litres du second pour les mettre dans le premier, alors le vin du premier tonneau, qui vaut 80 centimes le litre, vaudra 88 centimes ; et celui du second, qui vaut 1 fr. le litre, ne reviendra plus qu'à 95 centimes. Combien de litres dans l'un et l'autre tonneau ?

1895. Je reçois 1 157 fr. en 394 pièces, les unes de 5 fr., les autres de 2 fr. : Combien de pièces de chaque valeur ?

1896. Un marchand a des esprits à 30 degrés et à 18 degrés : combien doit-il en prendre de chaque qualité pour en faire 250 litres à 25 degrés ?

1897. Un poisson a une tête de 25 centimètres de long; il a la queue aussi longue que la tête et la moitié du corps, et le corps aussi long que la tête et la queue ensemble. Trouver la longueur du corps et celle de la queue.

1898. Quelqu'un, qui a placé une certaine somme à intérêt simple, calcule qu'au bout de 5 ans, étant réunie à ses intérêts, elle vaudra $16\,048^f,50$, et $18\,270^f,60$ après 8 ans. Trouver le capital placé et le taux.

1899. Deux fontaines coulant, l'une pendant 10 minutes, l'autre pendant 12 minutes, donnent 236 litres d'eau; et quand la première coule pendant 14 minutes et la seconde pendant 8 minutes, elles fournissent 249 litres d'eau. — Trouver ce que chaque fontaine fournit d'eau par minute.

1900. Un marchand a deux qualités de drap. Dix mètres de la première avec quinze de la seconde, valent 426 fr.; et seize mètres de la première avec vingt de la seconde, valent 628 fr. Trouver le prix du mètre de chaque qualité.

1901. Un débitant a trois qualités de vin. Deux litres de la première avec trois de la seconde et quatre de la troisième, valent $3^f,80$; cinq litres de la première, six de la seconde et sept de la troisième, valent $7^f,80$; et huit litres de la première, neuf de la seconde et dix de la troisième, valent 11 fr. Trouver le prix du litre de chaque qualité.

1902. Un marchand a trois espèces de thé. Un mélange composé de a kilogrammes de la première, b de la seconde, et c de la troisième, vaut k fr.; un mélange de a' kilogrammes de la première, b' de la seconde, et c' de la troisième vaut k' fr.; et a'' kilogrammes de la première, b'' de la seconde et c'' de la troisième valent k'' fr. Trouver le prix du kilogramme de chaque qualité.

1903. Un orfèvre a trois lingots dans chacun desquels il entre de l'or, de l'argent et du cuivre. Sur un kilogr., dans le premier, il y a 500 grammes d'or, 400 d'ar gent et 100 de cuivre ; dans le second, il y a 600 gr. d'or, 200 d'argent et 200 de cuivre ; et dans le troisième, il y a 700 gr. d'or, 200 d'argent et 100 de cuivre. Il veut en former un quatrième qui, sur 1 kilogramme, contienne 630 gr. d'or, 240 d'argent et 130 de cuivre. Combien doit-il prendre de grammes de chacun des trois premiers, pour que le nouveau lingot pèse 2 500 grammes ?

1904. Un particulier, A, possède un capital qu'il fait valoir à un certain taux. Un autre, B, qui a placé 6 000 fr. de plus que A, mais à 1 p. % de moins, se fait un revenu plus fort de 100 fr. Un troisième, C, qui a placé 5 000 fr. de moins que B, mais à 2 p. % de plus, obtient un revenu plus fort de 100 fr. Trouver les capitaux et les taux d'intérêt.

1905. Un entrepreneur a payé 50 fr. pour 16 journées de maçon et 10 de manœuvre ; dans une autre occasion où le prix était le même, il paya 40 fr. pour 10 journées de maçon et 15 de manœuvre. Trouver le prix de la journée du maçon et de celle du manœuvre.

1906. Un marchand a vendu trois charges de grains. Il a vendu la première 1 100 fr., la seconde 1 152 fr., la troisième 980 fr. Sachant que la première contenait 10 hectolitres de froment, 15 d'orge et 20 de seigle ; la seconde, 6 hectolit. de froment, 18 d'orge et 25 de seigle ; et la troisième, 12 hectolitres de froment, 13 d'orge et 14 de seigle : trouver le prix de l'hectolitre de froment, d'orge et de seigle.

1907. Un commissionnaire, qui s'est chargé de transporter des vases de porcelaine de différentes grandeurs, est convenu de payer pour chaque vase qu'il cassera, autant qu'il recevra pour chaque vase de même grandeur qu'il rendra en bon état. — On lui donne d'abord 2 petits vases, 4 moyens et 9 grands ; il casse les moyens, rend tous les autres en bon état, et reçoit 28 fr. — On lui donne ensuite 7 petits vases, 3 moyens et 5 grands ; il casse les petits, rend tous les autres en bon état et reçoit 15 fr. — Une troisième fois, on lui remet 9 petits vases, 10 moyens et 11 grands ; il casse tous ces derniers, rend tous les autres en bon état et ne reçoit que 4 fr. — Trouver le prix du transport d'un vase de chaque grandeur.

1908. Je connais deux nombres tels que si on multiplie le plus petit par 10 et le plus grand par 24, et qu'on fasse la somme des produits, on trouve 811 ; mais que, si on multiplie le plus petit par 24 et le plus grand par 10, on trouve $744\frac{1}{2}$ pour la somme des produits. Quels sont ces deux nombres ?

1909. Deux nombres sont tels que si on multiplie le plus petit par a et le plus grand par b, la somme des produits est k ; et que si le plus grand est multiplié par a et le plus petit par b, la somme est k'. Quels sont ces deux nombres ?

1910. Deux frères ont ensemble 50 000 fr. Si le premier dépense le cinquième, et le second, la moitié de sa fortune, il reste au premier 1000 fr. de plus qu'au second. Combien ces deux frères ont-ils chacun ?

1911. Il est une fraction telle que si l'on ajoute 5 à chacun de ses termes, on obtient $\frac{2}{3}$; et que si l'on retranche 2 de chacun de ses termes, ou trouve $\frac{1}{2}$. Trouver cette fraction.

1912. Trouver une fraction telle qu'elle devienne $\frac{2}{3}$, quand on augmente les deux termes de l'unité, et $\frac{3}{4}$ quand on les augmente de 9.

1913. Trouver une fraction telle qu'elle devienne $\frac{1}{3}$, quand on diminue les deux termes de 3, et $\frac{1}{5}$, quand on les diminue de 5.

1914. Un aubergiste a, dans trois tonneaux, des vins de trois prix différents, 40 centimes, 50 centimes et 60 centimes le litre ; s'il fait un mélange des vins contenus dans les deux premiers tonneaux, il revient à 46 centimes le litre ; s'il fait un mélange des deux derniers, il revient à $55\frac{5}{7}$ centimes. Sachant, en outre, que les trois tonneaux contiennent en tout 900 litres, trouver ce qu'ils en renferment chacun.

1915. Résoudre le problème précédent, a, b, c, étant les prix particuliers du litre des trois qualités de vin, m étant le prix du litre du premier mélange, n celui du second, et l le nombre total des litres.

1916. Trois ouvriers ont 320 mètres d'ouvrage à faire. Travaillant ensemble, le premier et le second feraient l'ouvrage en 32 jours; le second et le troisième le feraient en 20 jours; et le premier et le troisième, en $22\frac{6}{7}$ jours. Trouver 1° combien chaque ouvrier fait de mètres par jour; 2° combien de jours chaque ouvrier, travaillant seul, mettrait à faire les 320 mètres; 3° combien il faudrait de jours aux trois ouvriers, travaillant ensemble.

1917. Il existe trois nombres tels que le premier et le second, augmentés chacun de 10, sont entre eux :: 3 : 4; que le second et le troisième, augmentés chacun de 20, sont entre eux :: 5 : 6; et que le premier et le troisième, augmentés chacun de 60, sont entre eux :: 4 : 5. Quels sont ces trois nombres?

1918. Un particulier, voulant attirer les bénédictions du Ciel sur ses entreprises, résolut de faire l'aumône à chaque mendiant qu'il rencontrerait à certains jours, en donnant une somme constante à chaque homme, à chaque femme, à chaque enfant. Or dans une rencontre où il se trouva 10 hommes, 12 femmes et 16 enfants, il donna 23 fr.; dans une autre où il y avait 5 hommes, 20 femmes et 24 enfants, il donna 26 fr.; et dans une troisième où se trouvèrent 17 hommes, 18 femmes et 22 enfants, il donna 36 fr. Trouver combien il donne par tête aux hommes, aux femmes, aux enfants.

1919. Hiéron, roi de Syracuse, avait remis à un orfèvre 10 livres d'or, pour faire une couronne qu'il voulait offrir à Jupiter. Le travail étant achevé, la couronne pesait 10 livres; mais le roi soupçonnant que l'ouvrier avait allié de l'argent à l'or, consulta Archimède. Celui-ci, sachant que l'or ne perd dans l'eau que les 52 millièmes de son poids, tandis que l'argent y perd les 99 millièmes du sien, détermina le poids de la couronne plongée dans l'eau. Il trouva 9 livres 6 onces, ce qui lui fit d'abord reconnaître la fraude, car la couronne ne devait perdre que les 52 millièmes de 10 livres, et peser, par conséquent, à très-peu près, 9 livres 8 onces. Trouver combien il y avait d'or et combien d'argent dans la couronne. (La livre vaut 16 onces.)

1920. La poudre à canon est composée de salpêtre, de soufre et de charbon. Il y a autant de soufre que de charbon; et autant de salpêtre que de soufre et de charbon en tout. Combien de salpêtre, de soufre et de charbon dans 1000 kilogrammes de poudre?

1921. Un nombre est composé de deux caractères dont la somme est 7. Si on transpose ces caractères, on obtient un nombre qui n'est que le quart du premier, après que celui-ci a été augmenté de 3. Trouver le nombre dont il s'agit.

1922. Pourriez-vous me dire quels sont les trois nombres qui jouissent de ces propriétés : La moitié du premier, ajoutée au quart du second et au huitième du troisième, donne 29; le tiers du premier, ajouté au huitième du second et au neuvième du troisième, donne 20; et le sixième du premier, ajouté à la moitié du second et au tiers du troisième, donne 44?

1923. Un maquignon a deux chevaux A et B, dont on lui demande le prix. Il a aussi deux selles, l'une estimée 300 fr. et l'autre 40 fr. seulement. Or, s'il met la meilleure selle sur A, et la moins bonne sur B, le prix de A sera double de celui de B, moins 380 fr.; et s'il met la meilleure selle sur B, et la moins bonne sur A, le prix de B sera double de celui de A, moins 80 fr. Trouver le prix de A et de B.

1924. Une fraction est telle que si l'on ajoute une unité

au numérateur, elle donne $\frac{1}{3}$, mais que si l'on ajoute cette unité au dénominateur, elle donne $\frac{1}{4}$. Quelle est cette fraction ?

1925. Une fraction est telle qu'elle devient $\frac{1}{2}$ ou $\frac{1}{3}$, selon qu'on augmente ou qu'on diminue son numérateur d'une unité. Trouver cette fraction.

1926. Trouver une fraction qui devient $\frac{1}{3}$ ou $\frac{3}{8}$, selon qu'on augmente ou qu'on diminue son dénominateur d'une unité.

1927. Un particulier, ayant acheté un certain nombre de pommes et de poires pour 2^f,20, a cédé, au prix coutant, la moitié de ses pommes et le tiers de ses poires pour 90 centimes. Trouver le nombre de pommes et le nombre de poires, sachant que les pommes ont été achetées à raison de 4 et les poires à raison de 3 pour 5 centimes.

1928. Un lièvre, poursuivi par un lévrier, a 50 sauts d'avance. Le lévrier fait 3 sauts dans le même temps que le lièvre en fait 4; et de plus il fait autant de chemin dans 2 sauts que le lièvre en fait en 3. Trouver combien de sauts fera le lévrier pour atteindre le lièvre, et combien en fera le lièvre avant d'être atteint par le lévrier.

1929. Un certain nombre composé de deux caractères est égal au quadruple de la somme des valeurs absolues de ces caractères; et si ce nombre est augmenté de 18, il donne le nombre que l'on aurait en transposant ses deux caractères. Trouver ce nombre.

1930. Il y a un nombre composé de trois caractères qui forment une progression par différence; en le divisant par la somme des valeurs absolues de ces caractères, on trouve 48 pour quotient; et en le diminuant de 198, les caractères sont transposés. Trouver ce nombre.

1931. Trois hommes A, B, C, parlaient de leur argent. A dit à B et à C : Donnez-moi la moitié de votre argent, et j'aurai la somme d ; B dit à A et à C :

Donnez-moi le tiers de votre argent, et j'aurai aussi la somme d ; C dit à A et à B : Donnez-moi le quart de votre argent, et j'aurai pareillement la somme d. Trouver l'argent de chacun d'eux.

1932. Trois hommes A, B, C, parlaient de leur argent. A dit à B et à C : Donnez-moi e de votre fonds, et j'aurai le double de ce que vous aurez gardé ; B dit à A et à C : Donnez-moi e de votre fonds, et j'aurai le triple de ce que vous aurez gardé ; C dit à A et à B : Donnez-moi e de votre fonds, et j'aurai le quadruple de ce que vous aurez gardé. Combien avaient-ils chacun ?

1933. Quatre hommes A, B, C, D, ayant chacun une différente somme d'argent, se mettent au jeu. A gagne à B la moitié de son argent; ensuite B gagne à C le tiers de son argent ; puis C gagne à D le quart de son argent, et enfin D gagne à A le cinquième de ce qu'avait celui-ci en se mettant au jeu. Après cela ils quittent le jeu, ayant chacun 23 fr. Trouver avec quelle somme chacun s'est mis au jeu.

1934. Un mulet et un âne portent des charges de quelques quintaux. L'âne se plaint de la sienne, et dit au mulet : Il ne me manque plus que de porter un quintal de ta charge, pour que la mienne devienne double de ce qui te resterait. C'est bien, dit le mulet, mais si tu me donnais un quintal de la tienne, j'aurais le triple de ce qui te resterait. Combien portaient-ils de quintaux l'un et l'autre ?

1935. Trois individus jouent ensemble. Dans la première partie, le premier joueur perd et les deux autres lui gagnent autant d'argent que chacun de ceux-ci en avait. Dans la seconde partie, c'est au second joueur que les deux autres gagnent autant chacun qu'ils ont déjà d'argent. Dans la troisième enfin, le premier et le second joueur gagnent au troisième autant d'argent chacun qu'ils en avaient. Ils cessent alors de jouer, et il se trouve qu'ils ont

chacun 480 fr. Trouver avec combien d'argent
chacun des trois individus a commencé à jouer.

1936. Deux personnes doivent 248 fr. Elles ont de l'argent
l'une et l'autre ; mais pas assez chacune pour acquitter seule la dette commune. Le premier débi-
teur dit au second : Si vous me donnez les deux
tiers de votre argent, je paièrai seul la dette sur
le champ. Le second lui réplique qu'il pourrait
aussi acquitter seul la dette, si l'autre lui donnait
les trois quarts de son argent. Trouver combien ils
ont l'un et l'autre.

1937. Un capitaine a trois compagnies : une de Suisses,
la seconde de Souabes, et la troisième de Saxons.
Il veut donner un assaut avec une partie de ses
troupes, et il promet une récompense de 2703 fr.
sur le pied suivant : Que chaque soldat de la compagnie qui montera à l'assaut recevra 3 fr. ; et que
le reste de l'argent sera distribué également aux
deux autres compagnies. Or, il se trouve que si les
Suisses donnent l'assaut, chaque soldat des autres
compagnies reçoit $1^f, 50$; que si les Souabes vont
à l'assaut, chacun des autres soldats reçoit
1 fr. ; enfin, que si les Saxons donnent l'assaut,
chacun des autres reçoit 75 centimes Trouver le
nombre de soldats de chaque compagnie.

1938. Un réservoir qui est plein d'eau, peut se vider par
deux robinets de grandeurs inégales. On ouvre l'un
d'eux, et l'on fait couler le quart de l'eau, puis on
ouvre l'autre et on les laisse couler tous deux. Le
réservoir achève de se vider, et emploie pour cela
cinq quarts d'heures de plus qu'il n'a fallu au
premier robinet pour vider le quart de l'eau. Si
l'on eût ouvert les deux robinets dès le commence-
ment, le réservoir se serait vidé un quart d'heure
plus tôt. Combien de temps faudrait-il au premier
robinet, s'il coulait constamment seul, pour vider
le réservoir ?

PROBLÈMES INDÉTERMINÉS.

—

1939. Il existe deux nombres entiers tels que le double de l'un ajouté au triple de l'autre donne 75 : quels sont ces deux nombres ?

1940. Deux nombres entiers sont tels que si on multiplie le premier par 10 et le second par 7, et qu'on fasse une somme des produits, on trouve 601 : quels sont ces deux nombres ?

1941. Trouver deux nombres entiers tels que si on ajoute le tiers du premier au septième du second on ait 8.

1942. Deux nombres entiers sont tels que la moitié de l'un ajouté au cinquième de l'autre, donne 19,4 : quels sont ces deux nombres ?

1943. Trouver deux nombres entiers tels que leur somme contienne 11 fois leur différence.

1944. Deux nombres entiers sont tels qu'en multipliant leur somme par 6 et leur différence par 17, on a deux produits égaux : quels sont ces deux nombres ?

1945. Deux nombres entiers sont tels qu'en divisant leur somme par 7 et leur différence par 3, on obtient deux quotients égaux : quels sont ces deux nombres ?

1946. Deux nombres entiers sont tels que, augmentés l'un et l'autre de 10, ils sont entre eux comme 3 et 4 : quels sont ces deux nombres ?

1947. Deux nombres entiers sont tels que, diminués, le plus petit de 21, et le plus grand de 69, ils donnent deux restes qui sont entre eux comme 4 et 3 : quels sont ces deux nombres ?

1948. Deux nombres entiers sont tels que, augmentés, le plus petit de 30 et le plus grand de 115, ils donnent deux sommes qui sont entre elles comme 61 et 188 : quels sont ces deux nombres ?

1949. Un particulier ayant 50 pièces d'or de 20 fr., et 53 de 40 fr., demande combien il en doit placer bord à bord et sur une même ligne droite, pour avoir la longueur du mètre. (Le diamètre de la pièce de 20 fr. est de 21 millimètres ; celui de la pièce de 40 fr. est de 26 millimètres.)

1950. Quelqu'un veut obtenir une longueur de 345 millimètres, en plaçant bord à bord et sur une même ligne droite, des pièces de 5 fr et de deux fr. : pourra-t-il obtenir cette longueur, et comment s'y prendra-t-il, sachant que la pièce de 5 fr. a 37 millimètres de diamètre, et celle de 2 fr., 27 millimèt.?

1951. Un marchand se rend à la foire où il veut acheter des chevaux à 435 fr. la pièce, et des vaches à 97f,50 : combien pourra-t-il acheter de chevaux et de vaches pour 4650?

1952. De combien de manières peut-on solder une dette de 59 fr. avec des pièces de 2 fr. et de 5 fr. ?

1953. Je reçois une somme de 2698 fr., en pièces de 5 fr. et de 2 fr. : combien y a-t-il de pièces de chaque valeur, sachant qu'il y a moins de 400 pièces de 5 fr., et moins de 600 pièces de 2 fr.

1954. Un particulier qui n'a que 50 pièces de 5 fr. et 43 de deux fr., veut acquitter une dette de 267 fr. : le pourra-t-il, et comment s'y prendra-t-il ?

1955. Quelqu'un doit acquitter une dette de 893 fr, : comment se fera le paiement, s'il n'a que 200 pièces de 5 fr., et qu'on n'ait à lui rendre que des pièces de 2fr.?

1956. Trouver comment on a pu payer 164f,50 avec 74 pièces, dont les valeurs sont 5 fr., 2 fr., et 50 cent.

1957. Trouver trois nombres entiers dont la somme soit 97, et tels que, si on multiplie le premier par 5, le second par 9 et le troisième par 17, et qu'on fasse une somme des 3 produits, on ait 1149.

1958. Dans un repas, il a été bu pour 29 fr. de vin, à 2 fr. et à 1 fr. 50 le litre : combien de litres de chaque prix (en nombres entiers) ?

1859. Quelqu'un achète des chevaux, des brebis et des bœufs pour une somme de 3025 fr. ; il a en tout

36 pièces de bétail. Sachant que les chevaux lui reviennent à 456 fr. la pièce, les brebis à 13 fr. 50 et les bœufs à 398 fr., trouver combien il a pu avoir de chevaux, de brebis, de bœufs.

1960. Un coutelier a vendu 100 pièces pour 100 fr., savoir : des rasoirs à $3^f,50$, des couteaux à $0^f,75$ et des canifs à $1^f,50$. Combien de pièces de chaque sorte ?

1961. La pièce de 5 fr. a 37 millimètres de diamètre, celle de 2 fr., 27 millimètres, et celle d'un franc, 23 millimètres : de combien de manières pourrait-on obtenir une longueur de $1^m,234$, en plaçant bord à bord et sur une même droite des pièces de ces trois valeurs, au nombre de 50 ?

1962. Un orfèvre a trois lingots dont les titres sont 0,900... 0,830... 0,700 ; et il veut en prenant un certain nombre de grammes de chacun de ces trois lingots, en composer un quatrième au titre de 0,840 et pesant deux kilogrammes. Combien, en nombres entiers, doit-il prendre de grammes de chacun des trois premiers lingots ?

1963. Trouver deux fractions qui aient pour dénominateurs 12 et 18, et pour somme $\frac{31}{36}$.

1964. Deux fractions dont la somme est $1\frac{10}{143}$, ont pour numérateurs 5 et 8 : qu'elles sont ces deux fractions ?

1965. Deux fractions dont la différence est $\frac{29}{91}$, ont pour dénominateurs 7 et 13 : quelles sont ces deux fractions ?

1966. Partager $1\frac{13}{28}$ en deux fractions dont les numérateurs soient 3 et 5.

1967. Partager 240 en deux parties divisibles, l'une par 5 et l'autre par 7.

1968. Un aubergiste a 100 litres de vin à 40 centimes, 120 à 50 centimes, et 140 à 58 centimes : combien en nombres entiers, pourra-t-il en prendre de litres de chaque prix, pour en faire 150 litres à 52 cent. ?

1969. Trois nombres entiers sont tels que la somme de leurs produits par les nombres 2, 3, 4, est 123 ; et que la somme de leurs produits par les carrés 4, 9, 16, est 421 : quels sont ces trois nombres ?

1970. Il existe un nombre compris entre 300 et 600, dont la somme des valeurs absolues des caractères est 18; si on l'augmente de 396, les caractères sont transposés, je veux dire disposés dans un ordre inverse : quel est ce nombre?

1971. Un nombre compris entre 7 000 et 10 000 est tel que, divisé par la somme des valeurs absolues de ses chiffres, il donne 469,50 pour quotient; que si l'on écrit ses caractères dans l'ordre inverse, on a un nouveau nombre plus petit que le premier de 6 903, et qui est à celui-ci comme 172 est à 939 : trouver le nombre qui jouit de ces propriétés.

1972. Les neuf Muses, portant chacune le même nombre de couronnes de fleurs, rencontrent les trois Grâces et leur offrent des couronnes. La distribution faite les Grâces et les Muses ont chacune le même nombre de couronnes. Combien les Muses portaient-elles de couronnes, et combien en donnèrent-elles?

1973. Un fermier achète des moutons à 15 fr., et des chèvres à 13 fr. Or, il se trouve qu'il paie pour les moutons 136 fr. de plus que pour les chèvres. Combien a-t-il acheté d'animaux de chaque sorte, sachant, en outre, qu'il n'y en avait pas 60 en tout?

1974. Trente personnes, hommes, femmes, enfants, dépensent $32^f,50$ dans une auberge. L'écot d'un homme est de $1^f,50$, celui d'une femme de $1^f,20$, et celui d'un enfant de 75 centimes. Combien étaient-ils d'hommes, de femmes, d'enfants ?

1975. Un commissionnaire s'est chargé de porter des vases de deux grandeurs différentes, à condition que pour chaque vase qu'il cassera on lui retiendra ce qu'il aurait reçu pour le port de ce même vase, s'il l'avait rendu en bon état. Étant convenu de 4 fr. pour chaque vase de la première grandeur, et de 3 fr. pour chacun de la seconde, il casse tous ces derniers, et ne reçoit que 4 fr. Combien chacun avait-il de vases de chaque grandeur?

1976. Trouver un nombre moindre que 100, et tel que,

divisé par 7, il donne le reste 3 ; et divisé par 13, il donne le reste 8.

1977. Trouver un nombre moindre que 100, qui soit multiple de 6, et qui, divisé par 15, donne 12 de reste.

1978. Un nombre est compris entre 50 et 100, et il est multiple de 7 et de 5 : quel est ce nombre ?

1979. Partager 100 en deux parties divisibles, l'une par 8, l'autre par 12.

1980. Deux nombres dont la somme est 123, sont divisibles, l'un par 18, l'autre par 23 : quels sont ces deux nombres ?

1981. Partager 100 en deux parties telles que l'une divisée par 8 donne 1 de reste, et l'autre divisée par 13, donne aussi 1 de reste.

1982. Deux nombres dont la somme est 222, sont tels que le premier, divisé par 9, donne 6 de reste ; et que le second, divisé par 22, donne 11 de reste : quels sont ces deux nombres ?

1983. Un nombre compris en 100 et 200, est tel que, divisé par 5, par 7 ou par 9, il donne les restes 1, 6, 3 : quel est ce nombre ?

1984. Un nombre moindre que 500 est tel qu'il donne pour restes 4, 12, 7 ou 10, selon qu'on le divise par 10, 16, 23 ou 31 : quel est ce nombre ?

1985. Deux paysannes ont ensemble 100 œufs. La première dit à la seconde : « Si je compte mes œufs par » dizaines, je trouve un surplus de 7 » ; la seconde répond : « Si je compte les miens par douzaines, je » trouve un surplus de 5 ». Combien ont-elles d'œufs chacune ?

1986. « Je puis, disait un colonel, disposer mes hommes » sur 9, 11 et 13 rangs ; mais si je les dispose sur » 5, 7 ou 10 rangs, il me reste 2, 6 ou 7 hommes». Sachant que le régiment ne contient pas 1500 hommes on demande combien ce colonel a de soldats.

1987. On demandait à un berger combien il avait de moutons dans son troupeau : « J'en ai plus de 200 et

» moins de 300, répondit-il ; et si je les compte
» par huitaines, par dizaines, par douzaines ou
» par quinzaines , je trouve toujours 1 de reste :
» devinez combien j'en ai ».

1988. Trouver trois nombres dont la somme est 100 et tels
que la somme du premier multiplié par 7, du
second multiplié par 11 , et du troisième multiplié
par 17, soit 1034.

1989. Trouver quatre nombres dont la somme est 100, et
tels que la somme du premier multiplié par 2, du
second multiplié par 5, du troisième multiplié par
7, et du quatrième multiplié par 9, soit 525.

1990. Cent pièces de volailles, dindons, canards, poules
et poulets, ont coûté 100 fr. Les dindons ont été
payés 3 fr. la pièce, les canards 1^f, 50, les poules
75 centimes , et les poulets 30 centimes. Combien
de pièces de chaque valeur ?

1991. Un nombre est composé de quatre caractères dont
la somme est 20 ; si on multiplie le chiffre des mille
par 8, celui des centaines par 6, celui des dizaines
par 4 et celui des unités par 2, et qu'on fasse une
somme des quatre produits , on trouve 80. Trouver
le nombre qui jouit de ces propriétés, sachant, en
outre, qu'il est compris entre 1000 et 4000.

PROBLÈMES DU SECOND DEGRÉ.

1992. En multipliant la moitié d'un certain nombre par
le tiers du même nombre, on obtient 24 : quel est
ce nombre ?

1993. Deux nombres sont entre eux comme 5 est à 6, et
leur produit est 270 : quels sont ces deux nombres ?

1994. Deux nombres sont entre eux comme 4 est à 5, et la
somme de leurs carrés est 1025 : quels sont ces
deux nombres ?

1995. Deux nombres sont entre eux comme 2 est à 3, et la différence de leurs carrés est 1 280 : quels sont ces deux nombres ?

1996. Trois nombres sont entre eux comme 4, 5, 6, et la somme de leurs carrés est 1 925 : quels sont ces trois nombres ?

1997. Deux nombres sont entre eux comme 5 est à 11, et le septième du plus petit multiplié par le septième du plus grand, donne 55 : quels sont ces deux nombres ?

1998. Trois nombres sont entre eux comme les nombres 5, 6, 9, et le produit des deux derniers surpasse de 384 le produit des deux premiers : quels sont ces trois nombres ?

1999. La hauteur d'un parallélogramme est égale au cinquième de sa base, et la surface de la figure est de 352 mètres carrés 80 décimètres carrés : quelle est la base de ce parallélogramme?

2000. La surface d'un triangle dont la hauteur est à la base $:: 9 : 10$, est de 115 mètres carrés 20 décimètres carrés : trouver la hauteur de ce triangle.

2001. Dans un trapèze dont la surface est de 10 mètres carrés, les bases sont entre elles comme 7 est à 9, et la hauteur est à la différence des bases comme 5 est à 2. Trouver la hauteur et les bases de ce trapèze.

2002. En faisant $\pi = 3\frac{1}{7}$, la surface d'un cercle est égale à 154 mètres carrés : quel en est le rayon?

2003. La surface d'une ellipse est de 4 mètres carrés 62 décimètres carrés : trouver chacun des axes, sachant qu'ils sont entre eux comme 3 est à 4.

2004. La surface d'une sphère est de 3 mètres carrés 4 650 centimètres carrés : quel en est le diamètre ?

2005. Pour calculer le volume d'un cylindre, il suffit (d'après la Géométrie) de multiplier la surface de la base (laquelle est un cercle) par la hauteur : calculer la hauteur et le diamètre d'un cylindre dont le volume est de 9 mètres cubes 702 décimètres cubes, sachant que la hauteur est le tiers du rayon (*).

2006. Calculer les dimensions du litre pour les liquides, sachant que cette mesure est un cylindre droit, d'une profondeur double du diamètre.

2007. Calculer les dimensions du demi-hectolitre pour les matières sèches, sachant que cette mesure est un cylindre droit, d'une profondeur égale au diamètre.

2008. Pour calculer le volume d'un cône, il suffit de multiplier la surface de sa base (laquelle est un cercle) par le tiers de sa hauteur : calculer le diamètre et la hauteur d'un cône dont le volume contient 107 800 centimètres cubes, sachant que la hauteur demandée est au rayon de la base comme 4 est à 5.

2009. Le volume d'une sphère a pour mesure sa surface multipliée par le tiers de son rayon. Calculer le diamètre d'une sphère dont le volume contient 4 851 centimètres cubes.

2010. La Géométrie montre qu'un tronc de cône à bases parallèles est équivalent à la somme de trois cônes qui ont pour hauteur commune la hauteur de ce tronc, et pour bases l'un la base inférieure, un autre la base supérieure, et le troisième une moyenne proportionnelle entre la base supérieure et la base inférieure. Cela posé, trouver toutes les dimensions d'une cuve (tronc de cône à bases parallèles) qui doit contenir 50 hectolitres, sachant que l'on veut que son plus petit, son plus grand rayon, et sa profondeur soient entre eux comme les nombres 5, 6, 8.

2011. Pour calculer la surface d'un triangle, on peut multiplier la demi-somme de ses trois côtés successivement par les trois excès de cette demi-somme

---

(*) Dans ce problème et quelques-uns des suivants, on arrive à une équation où l'inconnue passe le 2^d degré ; mais, cette puissance supérieure étant *seule*, ne peut former aucune difficulté réelle. On sait, en effet, que de $x^m = a$, on conclut immédiatement $x = \sqrt[m]{a}$.

sur chacun des trois côtés, et extraire la racine carrée du produit. Trouver, d'après cela, la longueur du côté d'un triangle équilatéral dont la surface serait d'un are.

2012. La surface d'un triangle est de 294 mètres carrés : calculer la longueur de chacun de ses côtés, sachant qu'ils sont entre eux comme les nombres 3, 4, 5.

2013. La surface d'un triangle isoscèle est de 2 025 m. car.; et chacun de ses deux côtés égaux est au troisième comme 5 est à 6 : trouver chacun de ces côtés.

2014. Trouver le nombre qui, ajouté à son carré, donne 30.

2015. Trouver le nombre dont le quintuple, ajouté au triple carré, donne 182.

2016. Trouver un nombre dont le quadruple est moindre que le carré de 21.

2017. En multipliant un nombre par 100 et son carré par 8, puis ôtant le second produit du premier, on trouve 48 pour reste : quel est ce nombre?

2018. La somme de deux nombres est 59, et la différence de leurs carrés 1 781 : quels sont ces deux nombres?

2019. La somme de deux nombres est 73, et la différence de leurs carrés 3 431 : quels sont ces deux nombres?

2020. La différence de deux nombres est 20, et celle de leurs carrés 1 240 : quels sont ces deux nombres?

2021. La différence de deux nombres 13, et la somme de carrés 1 385 : quels sont ces deux nombres?

2022. La somme de deux nombres est a; la somme de leurs carrés est b : quels sont ces deux nombres?

2023. La somme de deux nombres est a; la différence de leurs carrés est c : quels sont ces deux nombres?

2024. La différence de deux nombres est d; la somme de leurs carrés est b : quels sont ces deux nombres?

2025. La différence de deux nombres est d; la différence de leurs carrés est c : quels sont ces deux nombres?

2026. La somme de deux nombres est 19,3; leur produit est 85 : quels sont ces deux nombres?

2027. La somme de deux nombres étant s, et leur produit p, quels sont ces deux nombres?

2028. La différence de deux nombres est 6, leur produit est $297\frac{1}{4}$: quels sont ces deux nombres ?

2029. La différence de deux nombres est d, et leur produit p : quels sont ces deux nombres ?

2030. Le produit de deux nombres est $26\frac{1}{4}$; leur quotient est $2\frac{4}{7}$: quels sont ces deux nombres ?

2031. Le produit de deux nombres étant p, et leur quotient r, quels sont ces deux nombres ?

2032. Partager 100 en deux parties telles que la somme de leurs carrés soit $5\,180\frac{1}{2}$.

2033. Partager 123 en deux parties telles que si, du quadruple carré de la plus petite on ôte les deux tiers du carré de la plus grande, on ait pour reste 11 754.

2034. Partager un nombre a en deux parties telles que m fois le carré de la plus grande, ajouté à n fois le carré de la plus petite, donne un nombre b.

2035. Partager un nombre a en deux parties telles que leur produit soit p.

2036. Deux nombres sont entre eux comme 3 est à 4 ; et, en ajoutant ensemble leur somme et leur produit, on obtient 3 587 : quels sont ces deux nombres ?

2037. Deux nombres sont entre eux comme m est à n ; et leur produit, ajouté à leur somme, donne k : quels sont ces deux nombres ?

2038. Partager 67 en deux parties telles que leur produit soit au carré de la plus petite comme 42 est à 25.

2039. Partager le nombre a en deux parties telles que le carré de la plus grande soit au produit des deux comme m est à n.

2040. La somme de deux nombres est 28, et la somme de leurs carrés, ajoutée à leur produit, donne 592 : quels sont ces deux nombres ?

2041. Partager le nombre a en deux parties telles que la somme de leurs carrés, ajoutée à leur produit, donne k.

2042. Un nombre est tel qu'en l'augmentant de 10 et le diminuant de 10, le produit de la somme par la différence est 69 : quel est ce nombre ?

2043. Un nombre est tel qu'en l'augmentant de a, et le diminuant de a, puis, multipliant la somme par la différence, on obtient k : quel est ce nombre?

2044. La différence de deux nombres, multipliée par leur somme, donne 500; ces deux nombres sont entre eux comme 2 est à 3 : quels sont ces deux nombres?

2045. Trouver un nombre tel que, si de son carré on ôte 9, on obtienne un nombre qui soit au-dessus de 100 d'autant d'unités que le nombre demandé est au-dessous de 23.

2046. Deux nombres, en proportion double, sont tels que leur somme, ajoutée à leur produit, donne 350 : quels sont ces deux nombres?

2047. Il est un nombre tel que, s'il divise 80, il donne un quotient plus fort de deux unités que celui qu'on obtient en divisant 80 par le nombre dont il s'agit, après qu'on l'a augmenté de 20 : quel est ce nombre?

2048. Traiter le problème précédent d'une manière générale, en nommant a le dividende, m le nombre ajouté au diviseur demandé, et d l'excès du premier quotient sur le second.

2049. Partager les deux nombres 60 et 80 en deux parties, chacun, de manière que la première partie de 60 soit à la première de 80 comme 3 est à 2, et que le produit des deux autres soit 1 800.

2050. Traiter le problème précédent d'une manière générale, en nommant a et b les deux nombres donnés; $m : n$ le rapport des deux premières parties, et p le produit des deux autres.

2051. Trois joueurs, ayant fait une partie, se retirent, le premier avec autant de fois 7 fr. que le second a de fois 3 fr.; et le second avec autant de fois 17 fr. que le troisième a de fois 5 fr. De plus, si on multiplie l'argent du premier par celui du second, l'argent du second par celui du troisième, et l'argent du troisième par celui du premier, la somme des trois produits est 34 476. Combien d'argent ont-ils chacun?

2052. Quelqu'un achète un certain nombre de pièces de calicot. Il paie 6 fr. pour la première, 12 fr. pour la seconde, 18 fr. pour la troisième, et ainsi de suite, augmentant toujours de 6 fr. le prix de chaque pièce. Or, les pièces lui coûtent en totalité 330 fr. Combien a-t-il acheté de pièces ?

2053. Quelqu'un a payé 540 fr. pour un certain nombre de pièces de calicot. S'il en avait eu trois pièces de plus pour la même somme, il aurait la pièce à 9 fr. de meilleur marché. Combien a-t-il acheté de pièces ?

2054. Deux marchands entrent en société avec un fonds de 10 000 fr. Le premier laisse son argent deux ans dans la société, et le second trois ans. Chacun se retire ensuite, ayant 9 900 fr., mise et bénéfice compris. Quelle était la mise de chacun ?

2055. Deux paysannes portent ensemble 100 œufs au marché. L'une en a plus que l'autre, et cependant elles reçoivent la même somme. La première dit à la seconde : « Si j'avais eu tes œufs, je les aurais vendus » $2^f,25$. » La seconde répond : « Si j'avais eu les » tiens, je n'aurais pu en retirer qu'un franc. » Combien chacune avait-elle d'œufs ?

2056. Deux marchands vendent chacun d'une certaine étoffe : le second en vend trois mètres de plus que le premier, et la somme des recettes s'élève à 105 fr. Le premier dit au second : « J'aurais retiré 72 fr. » de votre étoffe » ; l'autre lui répond : « Je n'au- » rais retiré de la vôtre que $37^f,50$ » Combien avaient-ils de mètres l'un et l'autre ?

2057. Un négociant se présente chez un banquier avec deux lettres de change, l'une de 25 544 fr. à 6 mois, l'autre de 34 668 fr. à 14 mois, et il reçoit 7 600 fr. pour la seconde de plus que pour la première. Trouver le taux annuel de l'escompte (en dedans).

2058. Deux ouvriers reçoivent leur salaire après un certain temps de travail. Le premier reçoit 48 fr., et le second, qui a travaillé trois jours de moins, reçoit

27 fr. Si le premier n'avait pas travaillé plus de jours que le second, et si le second avait travaillé autant de jours que le premier, ils auraient reçu le même salaire. Combien ont-ils travaillé de jours chacun, et combien gagnaient-ils chacun par jour?

2059. Un particulier se présente chez un banquier avec deux billets, l'un de 1 220 fr. à 4 mois, l'autre de 1 860 fr. à 8 mois, et il reçoit 3 000 fr. en tout. Trouver le taux annuel de l'escompte (en dedans).

2060. Un maquignon achète un certain nombre de chevaux pour 6 000 fr. S'il avait eu deux chevaux de plus pour la même somme, chaque cheval lui aurait coûté 100 fr. de moins. Combien a-t-il acheté de chevaux?

2061. Un fermier, ayant acheté un certain nombre de moutons pour 400 fr., calcule que, s'il en avait eu quatre de moins pour la même somme, chaque mouton lui aurait coûté 5 fr. de plus. Combien a-t-il acheté de moutons?

2062. Trouver le nombre qui, ajouté à sa racine carrée, donne 90.

2063. Trouver le nombre qui surpasse de 110 sa racine carr.?

2064. Trouver le nombre qui ne surpasse que de $9\frac{3}{4}$ le quintuple de sa racine carrée?

2065. Quelqu'un, ayant acheté des marchandises, les revend 120 fr., et gagne ainsi pour cent les cinq huitièmes du prix d'achat : combien ces marchandises lui ont-elle coûté?

2066. Un petit marchand, ayant acheté quelques couteaux, éprouve un accident qui l'oblige de les céder pour 20 fr., ce qui lui fait perdre autant pour cent que les quatre cinquièmes de sa marchandise lui ont coûté. Calculer le prix d'achat.

2067. Deux voyageurs, A et B, partent en même temps de deux villes M et N, A de M pour N, et B de N pour M. S'étant rencontrés après un certain temps, ils calculent le chemin qu'ils ont fait, et il se trouve que A a fait 120 kilomètres de plus que B, et que,

marchant toujours avec la même vitesse, A doit atteindre le terme de son voyage en quatre jours, et
B le sien en 9 jours. Trouver la distance de M à N.

2068. Deux voyageurs, A et B, partent de deux endroits M
et N en même temps ; A part de M dans le dessein
de passer par N ; B part de N, et marche dans le
même sens que A. Après un certain temps, A atteint B, et il se trouve qu'alors ils ont fait 120 kilomètres en tout ; de plus, A a passé par N depuis
quatre jours, et B est à neuf journées de M.
Trouver la distance de M à N.

2069. Un voyageur part d'un certain endroit, et fait un mille
le premier jour, deux milles le second jour, trois
milles le troisième jour, et ainsi de suite. Cinq
jours après, un autre voyageur part du même endroit, et va à la poursuite du premier en faisant
douze milles par jour. Trouver après combien de
jours le premier voyageur sera atteint par le second.

2070. Un voyageur part d'un certain endroit et fait douze
milles par jour. Cinq jours après, un second voyageur se met à la poursuite du premier, en faisant
un mille le premier jour, deux milles le deuxième
jour, trois milles le troisième jour, et ainsi de suite.
Trouver après combien de jours le second voyageur
atteindra le premier.

2071. Partager 100 en deux parties telles que leur produit
joint à la somme de leurs carrés, donne 7 600.

2072. Trouver deux nombres dont le produit soit égal à la
somme.

2073. Trouver deux nombres entiers dont le produit soit
égal au double, au triple au quadruple de la somme.

2074. Trouver deux nombres dont le produit soit égal à
m fois la somme.

2075. Trouver deux nombres dont le produit soit égal à la
moitié, au tiers, au quart de la somme.

2076. Trouver deux nombres entiers dont le produit, ajouté
à la somme, devient 650.

2077. Trouver deux nombres entiers dont le produit surpasse la différence de 31.

2078. Trouver deux nombres entiers dont le produit surpasse la somme de 16.

2079. Trouver en nombres entiers les côtés d'un rectangle dont la surface contienne autant de mètres carrés que le contour contient de mètres.

2080. Trouver en nombres entiers les côtés d'un rectangle dont le contour contienne trois fois moins de mètres que la surface contient de mètres carrés ?

2081. Trouver en nombres entiers les côtés du rectangle dont le contour contient quatre fois plus de mètres que la surface ne contient de mètres carrés.

2082. Trouver en nombres entiers les côtés d'un triangle rectangle dont le contour contienne autant de mètres que la surface contient de mètres carrés.

2083. Trouver en nombres entiers les côtés d'un triangle rectangle dont la surface contienne deux fois plus de mètres carrés que son contour ne contient de mètres.

2084. Trouver en nombres entiers les côtés d'un triangle rectangle dont le contour contienne deux fois plus de mètres que la surface ne contient de mètres carrés.

Nota. Pour résoudre ces trois derniers problèmes, il faut préalablement savoir : 1° Que les deux côtés de l'angle droit d'un triangle rectangle, étant perpendiculaires entre eux, si on prend l'un pour la base du triangle, l'autre en devient la hauteur ; 2° Que le troisième côté (nommé *hypothénuse*) est tel que son carré égale la somme des carrés des deux côtés de l'angle droit.

FIN

Vannes. — Imp. de Gustave de Lamarzelle.

TABLE DES MATIÈRES.

FIN DE LA TABLE.

Vannes. — Imprimerie de Gustave de Lamarzelle.

ERRATA.

PAGES.	Nᵒˢ.	LIGNES.	AU LIEU DE :	LISEZ :
7. . .	122 . .	1 . .	$\sqrt{(abc^2)^3}$ . .	$\sqrt[3]{(abc^2)^3}$.
21. . .	332 . .	1 . .	$(2\,xy^2z)^4$ . .	$(2\,xy^2z)^{12}$.
29. . .	453 . .	1 . .	$(a+b)$. . .	$(a+b)^4$.
31. . .	503 . .	1 . . ,	$4\,ab^3$	$4\,a^3b$.
32. . .	521 . .	1 . .	$-12\,ab^3c^2$. . .	$-12\,ab^3c$.
35. . .	573 . .	1,2	$-a^3b^2c-2\,a^3b^2c$.	$-3\,a^3b^2c$.
ib. . .	586 . .	1 . .	$-a^2b^2c$ . . .	$+a^2b^2c$.
36. . .	588 . .	1,2 .	$2\,a^2b^3c^2+a^2b^3c^2$.	$+3\,a^2b^3c^2$.
76. . .	1176 . .	1 . .	$4\,y$.	$4\,y+c$.
82. . .	1233 . .	1 . .	$\dfrac{6x-5}{3}$ . .	$\dfrac{8x-5}{3}$
ib. . .	1235 . .	1 . .	$\dfrac{12x+3}{4}$ . .	$\dfrac{12x+3}{5}$
102. . .	1505 . .	1 . .	1 205 . .	12 005.
142. . .	1864 . .	1 . .	$m^{\text{ième}}$ . .	$n^{\text{ième}}$.
144. . .	1886 . .	3 . .	16 200 . .	14 340.
145. . .	1892 . .	2 . .	60 . .	61
146. . .	1901 . .	4 .	7 . . 7ᶠ,80 . .	17 . . 12ᶠ,40.
157. . .	1974 . .	2 . .	32ᶠ,50 .	33ᶠ.
159. . .	1990 . .	4 . .	30 centimes . .	40 centimes.
162. . .	2018 . .	1 . .	différence . .	somme.

BIBLIOTHÈQUE IMPR. FERMÉ

www.ingramcontent.com/pod-product-compliance
Ingram Content Group UK Ltd.
Pitfield, Milton Keynes, MK11 3LW, UK
UKHW022344090726
13658UKWH00001B/466